秒懂AI编程

零基础搞定办公自动化

蔡逸雯　陈明
_____ 编著

人 民 邮 电 出 版 社
北 京

图书在版编目（CIP）数据

秒懂 AI 编程 ：零基础搞定办公自动化 / 蔡逸雯，陈明编著. -- 北京 ：人民邮电出版社，2025. -- ISBN 978-7-115-67445-6

Ⅰ．TP18

中国国家版本馆 CIP 数据核字第 20256ZY623 号

内 容 提 要

在 AI（Artificial Intelligence，人工智能）时代，编程不再是程序员的专属技能。本书是一本面向零基础读者的 AI 编程实战指南，旨在教会读者使用自然语言指挥 AI 自动完成办公、学习和生活中的各类任务。

全书以"对话即编程"为核心，通过五大真实应用场景、20 余个实战案例，手把手教读者如何用 AI 生成、优化和调试代码，让 AI 成为读者的智能编程助手。本书系统讲解如何使用 AI 工具自动生成 Python 代码，实现文件整理、数据分析、智能写作等任务，帮助读者用 AI 提升工作效率。

本书适用于被重复性工作困扰的职场人士、需要处理大量数据的学生和研究人员，以及所有想把握 AI 时代机遇的终身学习者。

◆ 编　著　蔡逸雯　陈　明
　　责任编辑　王旭丹
　　责任印制　王　郁　胡　南
◆ 人民邮电出版社出版发行　　北京市丰台区成寿寺路 11 号
　　邮编　100164　　电子邮件　315@ptpress.com.cn
　　网址　https://www.ptpress.com.cn
　　北京天宇星印刷厂印刷
◆ 开本：880×1230　1/32
　　印张：7.875　　　　　　　　2025 年 6 月第 1 版
　　字数：180 千字　　　　　　2025 年 6 月北京第 1 次印刷

定价：59.80 元

读者服务热线：(010)81055410　印装质量热线：(010)81055316
反盗版热线：(010)81055315

前言

　　随着 AI 的不断发展，编程不再是一项遥不可及的技能。AI 的出现，让编程不再是程序员的专属技能。过去，你需要学习复杂的编程语言和算法才能写代码，而如今，只需向 AI 描述你的需求，它就能自动生成代码，帮你完成工作。

　　AI 不仅能够生成代码，还能优化代码的性能，甚至帮助你调试和修复错误。这意味着，即使你没有任何编程经验，也能通过 AI 完成复杂的编程任务。**你不需要记住烦琐的语法，也不需要理解底层逻辑，你只需要知道自己想要什么，AI 就能帮你实现。**

　　通过本书，你将学习到如何利用 AI 来实现自动化处理日常工作，提升工作效率和学习效果，甚至如何优化团队协作。

本书特点及应用场景

　　本书不是一本传统的编程教材类图书，不会让你死记硬背编程语法，而是通过大量实用案例，手把手教你如何利用 AI 编程提升效率。本书涵盖以下主要**五大应用场景**。

- ● 高效资料管理。
- ● 智能学习助手。
- ● 数据处理与分析。
- ● 办公自动化。
- ● 趣味 AI 创作。

本书的目标

本书的目标不仅是让你学会如何使用 AI 生成代码，更重要的是帮助你理解如何将 AI 应用到实际工作和生活中。本书将通过具体的案例，展示如何利用 AI 编程工具来简化复杂的任务，提升工作效率，甚至创造新的机会。无论你是学生、职场人士，还是创业者，本书都将为你提供实用的工具和方法，帮助你在 AI 时代中脱颖而出。

由于篇幅限制，本书中的代码案例可能并未展示完整。如果你需要完整的代码文件，或者想获取书中提到的数据（如销售数据、学习成绩等），请用微信扫描封底下方二维码，本书提供完整资源，帮助你顺利实践书中的案例。

本书将带你体验 AI 编程的魅力，让你轻松迈入智能化的未来！

编者

2025 年 5 月

目录

第 2 章　零基础用 AI，也能轻松掌握编程　25

第 1 章

AI 时代，人人都能成为编程高手

你是否觉得编程高深莫测，只有专业人士才能掌握？其实，AI 的到来已经改变了这一切！

1.1 掌握 AI 编程，秒变职场大神

你有没有发现，在你的同事或同学中，总有那么几个"大神"处理任务游刃有余，工作效率高得令人羡慕。他们似乎总能轻松搞定那些虽然简单，但总是占用大量的时间和精力的，让你头疼的任务。而你却还在为这些任务"忙碌"。如果你已经习惯了这种"忙碌"的状态，甚至开始觉得工作中没有什么能真正提高效率的办法，那你就需要对此进行反思了。

其实，这些"大神"的秘密武器很可能就是——AI 编程。

很多人一开始听到"编程"二字就已经开始害怕了，更不相信自己可以学会。但是，现在是 AI 时代，我们的编程前面有 AI，所以请将你的心放回肚子，不要慌。AI 编程并不需要你会写代码，它也不是一个需要长期训练的高难度技能。只需要你会提问，能提出合适的提示词，AI 就会帮你完成代码编写，甚至会一步一步地教你如何运行这段代码。它更像是职场或学习中的"加速器"，将你从烦琐的重复性任务中解放出来，让你可以有时间去干更多有创造性和挑战性，或者是你喜欢的事情。

下面，我们将通过一些真实案例，看看普通人是如何通过掌握 AI 编程，从"小白"进化成"大神"的。

1.1.1 案例 1：从"手工判卷"到"AI 智能阅卷"

我们团队认识一位数学老师小 A，每次月考后他都要手动批改几百份试卷，尤其是填空题和解答题需要逐题判分。其中，解答题的步骤分，评分标准复杂，稍不注意就可能出错。工作量巨大不说，因疲劳也容易导致试卷评分标准不一致。

　　由于 AI 已经在教育领域得到广泛应用，我们建议小 A 尝试用 AI 来优化判卷流程。刚开始，在尝试让 AI 帮忙批改时，他发现 AI（比如 ChatGPT）虽然能识别数学公式，但无法按照考试标准给分，也无法批量判卷。这让他一度认为 AI 不够智能。

　　然而，在不断调整与优化 AI 的使用方式后，小 A 意识到 AI 编程可以更高效地解决问题。通过 AI 编程，小 A 开发了一个智能阅卷助手，它能做如下几件事情。

● 识别学生手写答案，将纸质试卷转换为电子文本。

● 对比标准答案，自动评分（尤其适用于填空题、选择题）。

● 批量处理 100+ 份试卷，极大缩减判卷时间。

● 能分析学生的解题步骤，即使答案错误，也能判断学生是否掌握了核心概念，并给出部分分数。

　　值得注意的是，在使用 AI 编程时，需要注意提示词的优化，否则 AI 输出的结果会不如人意。提示词优化前后的对比情况，如表 1-1 所示。

表 1-1　提示词优化前后的对比情况表

	提示词	对应的结果
优化前	帮我判卷，看看这些数学题对不对	AI 只能提供解题思路，无法按照标准给分，也无法大规模处理试卷
优化后	请使用 OCR 技术识别这批数学试卷的手写答案，将其转换为电子文本，并对比标准答案，按照考试评分标准自动评分。对于解答题，请分析学生的解题步骤，即使答案错误，也判断是否掌握核心概念，并给出部分分数	AI 准确识别手写答案，实现批量评分，极大减少了判卷时间，并能对解答题评分更智能

注：OCR 技术指的是光学字符识别（Optical Character Recognition）技术。

利用 AI 编程，能够显著提高阅卷效率和准确性，具体效果如下。

- 过去两天才能完成的阅卷工作，现在一晚上就能搞定。
- 减少人为错误，避免因疲劳导致的评分标准不一致。
- 让老师有更多时间专注教学，而不是埋头判卷。

1.1.2 案例 2：从"邮件轰炸机"到"时间管理达人"

小 B 是我们团队的一名助理，刚开始工作时，她的任务主要是处理大量的邮件和安排会议，具体包括每天清理邮件、回复客户请求、协调团队进度等工作。这些工作烦琐而重复。她常常感到，自己一整天都在"忙碌"，具有创意和价值的工作却没做几件。

后来，小 B 开始用 AI 作为她的助手来简化工作流程。她利用 AI 编程帮助她整理邮件，自动分类重要客户的请求，并发送回复。更神奇的是，AI 还帮她自动安排团队会议，根据成员的日程和优先级，智能安排最佳会议时间。

然而，小 B 最初尝试用 AI 处理邮件时，遇到了一个常见问题——AI 无法准确识别邮件的优先级。她发现，AI 有时会把一些不那么重要的邮件标记为"紧急"，而忽略了真正需要及时处理的邮件。为了解决这个问题，小 B 开始调整 AI 提示词，加入了更多的上下文信息，比如邮件的关键词、发件人的重要性等。经过几次优化，AI 终于能够准确地对邮件进行分类，甚至还能根据邮件内容自动生成简短的回复模板。

通过 AI 编程，小 B 开发了一个邮件管理助手，它能实现如下功能。

- 自动分类邮件：根据邮件的关键词和发件人重要性，优先处理紧急邮件。
- 智能回复：根据邮件内容生成简短的回复模板，节省手动输入时间。

●会议安排：根据团队成员的日程和优先级，自动选择最佳会议时间。

在与 AI 的沟通过程中，小 B 也发现，提示词越具体，AI 的表现就越精准。她不断调整表达方式，最终让 AI 真正理解她的需求。提示词优化前后的对比情况，如表 1-2 所示。

表 1-2　提示词优化前后的对比情况表

	提示词	对应的结果
初始	帮我整理邮件	AI 没有准确判断邮件的优先级，导致部分重要邮件被忽略
优化后	请根据提供的关键词和发件人列表，优先处理需要立即回复的邮件，并自动分类其余邮件……	AI 能够精准识别紧急邮件并进行快速响应，同时整理非紧急邮件

通过 AI 编程优化邮件处理和会议安排流程，实现了以下显著成果。

●邮件处理时间减少 70%，重要邮件不再遗漏。

●会议安排更加高效，团队协作更加顺畅。

●小 B 有更多时间专注于创意性工作，提升职业价值。

1.1.3　案例 3：从社交媒体小编到"全自动内容发布者"

小 C 是一家公司的新媒体小编，每天需要手动整理行业新闻、编写社交媒体内容，并在不同平台定时发布。这些工作烦琐又容易出错，尤其是需要在多个平台发布时，经常忘记调整格式或定时发布。

最初她尝试用 AI 帮助她写文案，虽然提高了写作效率，但仍然需要手动整理新闻、复制粘贴内容到不同平台。后来，她学习了 AI 编程，决定让 AI 自动完成整个工作流程。

通过 AI 编程，小 C 开发了一个内容发布助手，它能做如下几件事情。

- 自动抓取行业新闻：根据影响力筛选新闻，生成简短摘要。
- 跨平台发布：按照微博、公众号、TikTok 等平台的格式自动调整。
- 定时发布：根据用户活跃时间自动安排发布时间。

在实践过程中，小 C 也意识到：仅仅一句"帮我写文案"还远远不够，只有优化提示词，AI 才能真正接得住任务。提示词优化前后的对比情况，如表 1-3 所示。

表 1-3　提示词优化前后的对比情况表

	提示词	对应的结果
初始	帮我写一篇社交媒体文案	AI 生成了一篇不错的文案，但仍然需要小 C 手动整理新闻、复制粘贴到不同平台，并调整格式
优化后	请编写一个自动化脚本，能够每天定时抓取 ×× 行业的新闻，生成简短摘要，并按照不同社交媒体平台的格式自动发布。具体要求如下。 ● 新闻筛选标准：仅选择影响力较大的新闻。 ● 文案风格：符合各社交平台（微博、公众号、TikTok）的调性。 ● 定时发布：根据用户活跃时间自动安排发布时间	AI 自动收集新闻、生成内容，并按照最佳时间发布，极大减少了小 C 的工作量

通过 AI 编程优化内容发布流程，取得了以下显著成效。

- 内容发布时间更精准，阅读量提升 30%。
- 小 C 不再需要手动整理和发布，节省了大量时间。
- 小 C 可以专注于内容创意，提升品牌影响力。

1.1.4　看见未来，AI 是破局者

像这样的例子其实并不少见。你可能也和他们一样，面临着繁杂的

日常工作，感到时间总是不够用。特别是那些重复性任务，总让人觉得"再做一次就好"，但往往却让你感到筋疲力尽。这些任务最适合用 AI 编程来自动化完成。

AI 编程的很大一部分优势在于，它能够快速解决我们常见的重复性工作，比如，整理会议记录、安排团队日程、处理客户邮件等。你不再需要一遍又一遍地重复同样的工作，而是可以将这些任务交给 AI 来做，自己腾出时间做更有创造性的事。

回到前面提到的那些"大神"，他们通过简单的 AI 编程，不仅提高了工作效率，还通过创新的工作方式，获得了更高的职业发展空间。这种转变，正是 AI 编程的魔力所在。你不再是被烦琐任务束缚的"普通人"，而是能通过 AI 编程提升自己工作价值的"职场高手"。

AI 编程不再是技术人员的专属技能，它已经走进了每个职场人的工作生活。它不仅是解决问题的利器，也是提升职业竞争力的关键。你是否也像小 A、小 B、小 C 一样，希望在工作中突破自我，提升效率？ AI 编程将会是你实现职场突破的关键技能。

1.2　AI 编程，能帮我们轻松解决哪些难题？

在 1.1 节中，我们通过几个案例了解了 AI 编程如何帮我们快速解决工作中的问题。也许你已经对 AI 编程有了一些初步认识，甚至开始好奇：

AI 编程到底能帮我解决哪些实际问题？我要如何用好它？

别急，接下来，我们就来聊聊 AI 编程的"超能力"——它不仅能帮你搞定那些烦人的重复性任务，还能让你在学习和工作中事半功倍。准备好了吗？让我们一起看看 AI 编程如何成为你的"职场救星"或"学习助手"！

1.2.1 AI 编程是什么？为什么它这么牛？

AI 编程，就是借助 AI 来编写程序，自动化解决日常工作和学习中的各种问题。想象一下，你有一个 24 小时待命的"智能助手"，它可以帮你整理文件、分析数据、规划学习计划、管理日程提醒……是不是感觉轻松了不少？没错，AI 编程就是这么神奇！

当然，AI 编程的应用场景是非常广泛的，本书将简单列举几个高频场景，包括高效资料管理、智能学习助手、数据处理与分析、自动化办公和趣味 AI 创作等，让你快速了解 AI 编程的"超能力"。

1.2.2 职场中的痛点：AI 编程如何提升你的工作效率？

在职场上，重复性任务几乎无处不在。虽然它们看似简单，但占据了大量时间和精力。AI 编程正是帮助你解决这些问题的关键。

（1）让重复性任务自动化，释放时间精力。

● 可以帮助你自动筛选邮件、整理文件、更新报告、安排会议，减少烦琐的手动操作，让你将精力投入更重要的工作。

● 不仅能自动分类和归档文件，还能提取关键信息、生成摘要，帮助你快速找到所需内容，避免低效搜索。

（2）提高数据处理和内容生成效率。

● 能帮助你处理复杂数据，自动生成报告和图表，分析数据变化趋势，提高决策效率。

●可以生成报告、生成写作提示、优化简历，甚至帮助你进行创意写作，减轻工作负担。

在处理职场中的任务时，利用 AI 编程处理的方式相较于传统处理方式，有不少好处，如表 1-4 所示。

表 1-4　案例对比：传统处理与 AI 编程

任务类型	传统处理	编程	带来的好处
邮件管理	逐封筛选邮件，手动分类	AI 自动分类、标记优先级、归档无关邮件	提升沟通效率，避免遗漏重要信息
文件整理	手动归类、命名、搜索文件	AI 自动分类、智能命名、快速检索	提升查找效率，节省时间
报告更新	人工整理数据、填写模板，易出错	AI 自动提取数据，填充模板	确保数据准确，提升工作效率

AI 编程不仅解放了双手，减少了烦琐任务的干扰，还提升了整体工作效率，确保任务完成得又快又准。

1.2.3　学习中的痛点：AI 编程如何成为你的"私人导师"？

在学习过程中，我们经常会遇到以下这些挑战。

●难以规划学习进度，复习时抓不到重点。

●资料太多，找不到最适合自己的学习资料。

●记忆不牢，学习后很快遗忘。

AI 编程可以帮助你解决这些问题，让学习更轻松。AI 编程主要可以从以下两个方面解决问题。

（1）规划复习进度，个性化提醒，告别低效学习。

●根据你的学习进度自动调整复习计划，确保重点知识不断巩固。

● 生成个性化的复习提醒，帮助你科学管理复习时间。

（2）自动整理笔记与个性化推荐学习资料，精准高效。

● 根据你的兴趣和学习目标，推荐适合的书籍、文章、视频等学习资源，避免信息过载。

● 自动整理笔记，提取关键信息，生成知识点摘要，提高复习效率。

为更清晰展示 AI 编程在学习流程优化中的具体作用，下面通过表 1-5，对比传统处理方式与 AI 编程处理的方式在不同学习任务中的表现和效果，帮助你更好地理解二者的差异与 AI 带来的优势。

表 1-5 案例对比：传统处理与 AI 编程

任务类型	传统处理	AI 编程	带来的好处
文献整理	手动整理、分类、标记、存储，查找困难	AI 自动分类、存储，添加摘要和标签	提升文献管理效率，快速检索，节省时间
笔记管理	手写或手工录入电子文档，查找效率低	AI 自动分类、索引笔记，快速定位	快速整理和查找，提升学习效率
关键词提取与摘要生成	逐篇阅读、手动提取关键词，耗时耗力	AI 自动提取关键词，摘要生成	快速掌握核心，提升阅读效率

这些 AI 能力可以让你的学习更加高效，不再被烦琐的计划和搜索困扰，而是专注于真正的知识获取和能力提升。

1.2.4 AI 编程，让你的工作和学习事半功倍

AI 编程不仅能够帮我们处理日常工作中的烦琐任务，让我们从低效的工作中解脱出来；还能够生成智能化数据分析和学习工具，提升我们的决策效率和学习效果。随着 AI 技术的不断发展，AI 编程将为我们提供更多的解决方案，帮助我们在工作和生活中解决常见的难题。

1.3　AI 自动化编程，哪些工具最好用?

随着 AI 技术的迅速发展，AI 编程工具也迎来了革命性的变化。如今，编程不再是少数人掌握的技能，而是人人都可以轻松驾驭的工具。

1.3.1　AI 编程工具的崛起：从一窍不通到编程达人，只需动动嘴!

随着人工智能技术的飞速发展，编程的门槛低得就像你家门口的台阶——连小朋友都能轻松跨过去。曾几何时，编程被认为是需要多年修炼的"绝世武功"，需要学习编程语言、理解算法和数据结构等内容。但如今，AI 编程工具的出现，让编程变得像点外卖一样简单——你只需要动动嘴，AI 就能帮你搞定一切。

这些 AI 编程工具通过"理解"你的需求，可以把自然语言变成代码。简单来说，你只需要像和朋友聊天一样，告诉 AI 你想要什么，它就会自动生成代码。比如，你可以对 AI 说："嘿，帮我写个能提醒我别忘记吃饭的 App"。当然，AI 并不会立刻生成你想要的 App，而是会像一位细心的餐厅服务员一样，开始问你："你想要提醒的时间是固定的还是随机的? 提醒的方式是弹窗还是短信通知? 需要加入'再不吃就凉了'的温馨提示吗?"等一系列问题。只有等你回答完这些问题，AI 才会像变魔术一样，给你生成一个初步的代码框架。编程变得像用搜索引擎一样简单，再也不用担心记不住那些烦琐的语法规则了。不仅如此，AI 编程工具还能帮你调试、优化代码，甚至给你提建议。就算你是个编程小白，也能通过这些工具轻松搞定复杂的编程任务，快速解决问题。随着 AI 技术的不断进步，这些工具越来越聪明，成为你的"编程外挂"。

1.3.2 如何挑选适合你的 AI 编程工具？

市场上有许多 AI 编程工具，它们各自具有不同的特点，核心差异更多的是细节和用户体验，但功能上其实有很多相似之处。对于初学者和没有编程基础的用户来说，选择哪个工具其实并不那么重要，因为所有这些工具都能帮助你自动生成代码。本书会介绍目前比较主流的 3 个 AI 编程工具。

（1）DeepSeek（深度求索）——**智能协作与跨编程语言转换。**

DeepSeek 特别适合多语言开发团队和实时协作的开发场景。它不仅能生成代码，还能理解整个项目的上下文，确保代码与业务逻辑匹配。此外，DeepSeek 支持跨编程语言的转换，非常适合那些需要在不同技术中间切换的用户。

（2）通义灵码（阿里云）——**企业级智能编程工具。**

通义灵码由阿里云推出，更适用于企业级开发者。它在集成阿里云技术栈、保障数据安全方面有独特的优势。通义灵码支持多种数据输入方式（包括文本和图像），为企业提供高效的编程支持，尤其适用于复杂的企业级应用开发。

（3）ChatGPT（OpenAI）——**零基础用户的友好 AI 编程助手。**

ChatGPT 是一个适合零基础用户的编程工具。它支持用日常语言描述需求，快速生成代码，并且能根据你的需求给出连贯的优化建议。另外，它能详细解释代码逻辑，让你快速理解代码背后的思维方式。

1.3.3 AI 编程工具的"超能力"

尽管这些工具之间在细节上存在一些差异，它们也都具备一些共通的强大功能，使得无编程经验的用户也能轻松完成编程任务。以下是这些工具的一些共同特点。

1. 代码生成

这些 AI 编程工具的核心功能就是根据用户输入的需求生成代码。你可以简单地描述想要实现的功能，AI 编程工具会根据需求生成相应的代码。写出带有完整需求的提示词是非常重要的，尤其是在使用 AI 编程工具时。这不仅能确保工具准确理解你的需求，还能生成更符合你期望的代码。具体来说，工具会通过提问来明确需求，这样它能够生成更精细和定制化的代码，而不是简单地给出通用的解决方案。例如，如果你告诉 AI 编程工具："我需要一个简单的个人网站。"这个需求仍然是模糊的，AI 编程工具可能会向你提出如下的一些问题。

- 网站需要哪些基本功能？
- 网站的设计风格是什么？你是希望要简洁、现代，还是更具创意的设计？
- 是否需要支持交互性功能？
- 对于颜色和排版，你有特别的偏好吗？

这些问题能够帮助 AI 编程工具更好地理解你的具体需求，避免产生"模板化"的代码。提供详细且明确的需求后，AI 编程工具会根据你的反馈生成更加符合你想法的代码。如果需求中涉及的功能较为复杂，AI 编程工具也能通过逐步引导和交互来逐渐完善生成的代码。

这就像是在与工具进行对话，通过清晰和具体的描述，能够让 AI 更精确地为你提供所需的编程解决方案，确保代码不仅能完成编程任务，还能满足你的个性化需求。

2. 错误检测与调试

就算你是一名编程新手，AI 编程工具也能帮助发现错误，让你避免走很多弯路。编写代码时，难免会遇到一些"Bug"（程序错误），可能是语法错误，也可能是逻辑错误。对于没有编程经验的人来说，这些错误有时就像看不懂的谜题，完全不知道从哪里入手。幸好，这些 AI 编程工具就像是你的私人编程教练，随时提供实时的错误反馈。

这些工具通常都具备错误检测和调试功能。在你生成的代码中，AI 能够及时发现潜在的错误和问题，并给出调试建议。例如，AI 会提示："这里可能存在变量未定义的错误"或者"此循环可能导致无限循环"，并提供调试建议。

3. 代码优化与性能提升

除了简单的代码生成，这些 AI 编程工具还能够提供代码优化建议，帮助你改进代码的性能。比如，提高代码的执行速度，或减少不必要的计算。AI 编程工具会根据代码的具体情况提出优化方案，帮助你写出更加高效的程序。

4. 多语言支持

大多数 AI 编程工具都支持多种编程语言，包括 Python、JavaScript、Java 等。无论你要开发 Web 应用、移动应用还是数据处理程序，AI 编程工具都能为你生成相应的代码，帮助你实现跨平台开发。

1.3.4 AI 编程工具使用技巧

为了充分发挥 AI 编程工具的效能，以下几个使用技巧可以帮助你在实际操作中大幅提升效率。

（1）提供清晰明确的需求。

AI 编程工具是根据你提供的需求来生成代码的。因此，需求越具体、越清晰，生成的代码就越符合你的预期。如果只是说"我要做一个登录功能"，这样的需求会比较模糊。你可以进一步明确，比如："我需要一个包含用户名、密码验证，并用数据库存储用户信息的登录功能。"越是在需求中明确细节，AI 生成的代码越能更好地满足你的需求。

（2）学会与 AI 编程工具互动。

与 AI 编程工具的互动不仅限于让它生成代码，还可以主动询问它关于代码的细节，甚至请它解释每段代码的作用。通过与工具互动，你不仅能完成编程任务，还能更好地理解编程原理，从而逐步提升自己的编程能力。例如，你可以向 AI 询问"这段代码是怎么工作的？""这个函数的作用是什么？"等问题。这样，你在实践中也能不断学习，提升对编程的理解。

（3）逐步细化问题。

在复杂的编程任务中，分步执行是非常重要的。你可以先将大的需求拆解成多个小模块，然后逐一解决。例如，如果你要实现一个用户管理系统，你可以先从"创建用户"功能开始，再逐步扩展到"用户信息更新"和"用户删除"等功能。这样，每个小模块都可以单独验证，使AI 出错的概率降低，也让 AI 的帮助更加精确。

（4）借助 AI 编程工具调试功能。

AI 编程工具的调试功能，能帮助你快速定位代码中的错误。通过AI 的反馈，你可以看到错误提示并获得修复建议。例如，如果你的代码无法运行，AI 可能会告诉你是因为某个变量未定义或某个函数缺少必要的参数。利用这些工具的调试功能，不仅能修复问题，还能加深你对产生错误原因的理解，进而提升自己解决问题的能力。

（5）复用已有代码和模板。

AI 编程工具可以为你提供一些现成的代码片段和模板。你可以利用这些代码和模板快速搭建项目框架，再根据实际需求进行调整和优化。这不仅节省了从头开始写代码的时间，还能帮助你避免重复造轮子。

（6）反复尝试和调整。

即使是 AI，也并非总能一次就生成完全符合预期的代码。因此，在使用 AI 编程工具时，要保持一定耐心，多次尝试调整输入的需求描述，或者根据输出的代码进行小范围的修改和优化。通过多次反馈和调整，逐步使 AI 生成的代码越来越符合你的需求。

通过这些技巧，你不仅能高效完成编程任务，还能逐步提高自己的编程水平，让 AI 编程工具真正成为你工作的得力助手。AI 编程工具正在彻底改变我们编写代码的方式。无论是 ChatGPT 的自然语言交互、通义灵码的高效开发，还是 DeepSeek 的代码优化，这些工具都能助你轻松应对编程任务。选择适合自己的工具，掌握其使用技巧，你也能在 AI 时代成为编程高手！准备好了吗？让我们一起拥抱 AI 编程的未来吧！

1.4 马上实践：用 AI 生成你的第一个简单程序

了解了 AI 编程的工具，接下来你可能会想："我该怎么开始写我的第一个程序呢？"可能你刚开始看到那些看似杂乱无章的代码符号时，难免会有些困惑："这些东西看起来像密码，我该如何知道它们是怎么工作的？"但其实，这只是你还没有掌握其中的"规律"。实际上，编程其实就像你和计算机沟通的一种方式。我们将从最基础的知识开始，让你明白如何让计算机按你的意愿完成任务。

1.4.1　分步骤实践：一步步走，别担心

下面进入实践环节！有了 AI 编程工具的帮助，编程变得不再那么神秘，你只需要告诉它你的需求，它就能生成代码，甚至帮你解读和修改它。

1. 用 AI 编程工具做你的"编程小助手"

想象一下，你刚刚步入编程世界，正准备写一个简单的提醒程序。没有 AI 之前，你得自己从零开始摸索，学习各种编程语法；有了 AI 之后，它就像一个超级智能的小伙伴，帮你完成这些工作。

比如，你现在想写一个提醒程序，你只需要告诉 AI："请帮我写个有提醒功能的程序。"它就会生成一段代码，大致如下。

```Python
import time

def reminder():
    """打印提醒消息"""
    print("这是你的提醒！")

# 设置提醒时间（5 秒后触发提醒）
time.sleep(5)
reminder()
```

将代码保存在相应文件夹，如下所示。

（1）打开文本编辑器（例如记事本），然后复制并粘贴下面提供的 Python 代码，如图 1–1 所示。

```
● ● ●                          ◆ test.py
import time

def reminder():
    """打印提醒消息"""
    print("这是你的提醒！")

# 设置提醒时间（5秒后触发提醒）
time.sleep(5)
reminder()
```

图 1-1　程序代码示意

（2）将该代码保存至指定路径，并命名为"test.py"，如图 1-2 所示。

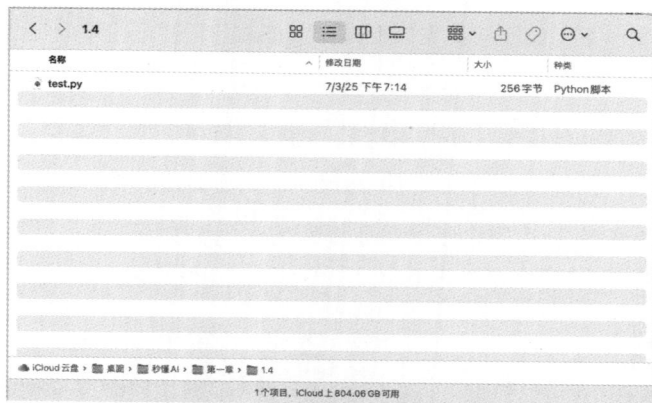

```
< > 1.4                    88  ≣  ⊞  ⊡      ▦∨  ⬆  ⊘  ⊝∨      Q

名称                          ^ 修改日期          大小        种类
◆ test.py                      7/3/25 下午 7:14      256 字节   Python 脚本

☁ iCloud 云盘 › ▦ 桌面 › ▦ 秒懂AI › ▦ 第一章 › ▦ 1.4
                  1个项目，iCloud上804.06 GB 可用
```

图 1-2　代码保存示意

（3）请按照以下步骤运行这段代码。

1）打开命令提示符或终端。

● Windows: 按下键盘上的 Windows +R 组合键，然后输入"cmd"，按下回车键，就会打开命令提示符（也叫命令行窗口）。

● MacOS: 打开"Launchpad"工具，找到并单击"终端"按钮，或者按下 Command+ 空格组合键，然后输入"Terminal"并按回车键。

2）第二步是安装 Python。

● 如果你已经安装了 Python，可以跳过此步骤，但请确保你的 Python 版本为 3.X 版本。

● 在 MacOS 上，你可以使用 Homebrew 工具来安装 Python。打开终端并输入以下命令：

```Bash
Brew install python
```

安装完成后，你可以通过输入"python3 - version"来检查 Python 是否已正确安装。

● 在 Windows 上，你可以从 Python 官方网站下载最新版本的 Python。下载后，运行安装程序，并确保在安装过程中勾选了"Add Python to PATH"选项。完成 Python 的安装后，你可以在命令提示符中输入"python - version"来确认 Python 是否已正确安装。

3）导航到保存 text.py 文件的文件夹。

● 在命令提示符或终端中，你需要指示计算机前往存放你代码文件的位置。这一过程被称为"导航"。比如，若把文件保存在桌面上的一个文件夹内，其路径可能是"desktop/ 秒懂 AI/ 第 1 章 /1.4"。

● 如何导航：你可以使用"cd"（change directory）命令来进入文件夹。输入"cd"后，按空格并加上文件夹路径。例如，假设文件在桌面的"秒懂 AI/ 第 1 章 /1.4"文件夹下，你就输入"cd desktop/ 秒懂 AI/ 第 1 章 /1.4"，如图 1-3 所示。

```
[(base) caiyiwen@cyw-mbp16 ~ % cd desktop/秒懂AI/第 1 章 /1.4
(base) caiyiwen@cyw-mbp16 1.4 %
```

图 1-3　文件导航示意

4）运行 test.py 脚本。

输入以下命令运行脚本。

```Bash
Python test.py
```

运行结果如图 1-4 所示。

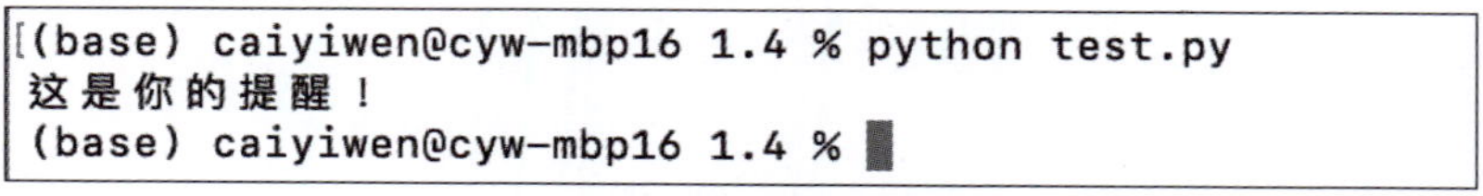

```
[(base) caiyiwen@cyw-mbp16 1.4 % python test.py
这是你的提醒！
(base) caiyiwen@cyw-mbp16 1.4 % ▮
```

图 1-4　程序运行结果示意

瞧，这就是你的第一个简单程序！是不是看起来很简单？

2. 我来给你解锁这段代码

这一小段代码虽短，但它背后的每一行都在做事情。让我们仔细看一下，理清这段代码是如何工作的。

（1）import time：这一行代码的作用是引入 Python 中的"时间"模块。简单来说，它就是告诉计算机："嘿，我需要使用和时间有关的功能！"。你可以把它想象成，你请了一个"时间专家"来帮忙，帮你处理所有和时间相关的事情。利用这个模块，我们可以实现程序暂停、计算时间间隔等功能。

（2）def reminder()：这一行是定义了一个"提醒"功能。你可以把它理解成，你雇用了一个私人助手，专门用来提醒你。当你写下 def reminder() 时，实际在告诉计算机："我需要一个提醒功能！"每当你调用"提醒"功能时，它会在屏幕上显示一句话："这是你的提醒！"你可以把这个过程看作是：你给助手写了一封备忘录，告诉他每次需要提醒你时，他应该说些什么。

（3）time.sleep(5)：这一行代码让程序暂停 5 秒，类似于给程序设置了一个"暂停"按钮。你可以想象自己正在观看一个视频，突然视频被按下暂停键，等待几秒后再继续播放。这里 time.sleep(5) 就是按下了暂停键，告诉计算机"停一下，等 5 秒后再继续执行"。这样做的目的是让程序等一等，再执行后续的操作。

（4）reminder()：这一行代码是程序实际调用我们之前定义的"提醒"功能。程序在执行完等 5 秒的操作后，会执行 reminder() 这个功能，也就是它会打印出你设置的提醒信息。你可以把它看作是：你的私人助手在经过 5 秒的等待后，来提醒你是时候做事了！

3. 修改代码，让它变得更酷

如果你已经理解了这些代码的工作原理，那么接下来的任务就是修改它，让它变得更酷、更实用！你可以根据需求调整程序的功能。

比如，你可以让程序提醒你更多次，或者调整提醒的时间间隔。你也可以将程序修改成定时提醒你做某件事。比如，以下代码让程序每 10 秒提醒你一次，共提醒 5 次。

```Python
import time

def reminder():
    """打印提醒消息"""
    print("这是你的提醒！")

# 设置提醒间隔时间为 10 秒，循环 5 次
for _ in range(5):
    time.sleep(10)
    reminder()
```

运行结果如图 1-5 所示：

```
[(base) caiyiwen@cyw-mbp16 1.4 % python test.py
这是你的提醒！
这是你的提醒！
这是你的提醒！
这是你的提醒！
这是你的提醒！
(base) caiyiwen@cyw-mbp16 1.4 %
```

图 1-5　程序运行结果示意

这段代码将打印 5 次"这是你的提醒！"，每次间隔 10 秒。是不是感觉更贴心了？你可以用这种方式来提醒自己做任何事，比如"每 10 分钟提醒我喝水"或者"每小时提醒我站起来走一走"。

4. 添加新花样，创造专属于你的程序

等你熟悉了这些基础操作之后，接下来可以挑战一些进阶玩法，让程序更加个性化、多样化。你可以根据自己的需求，给程序添加更多功能。

比如，如果你希望程序每次运行时能输出不同的提醒内容，你可以将提醒的文字做个随机选择。这样每次提醒你时，它都可以说不同的话！试试以下这段代码。

```Python
Python
import time
import random

def reminder():
    """随机打印一个健康提醒"""
    reminders = [
        "喝水！",
        "记得站起来走一走！",
        "休息一下，放松下眼睛！"
    ]
    print(random.choice(reminders))    # 随机选择一个提醒内容
```

```
# 设置提醒间隔时间为 10 秒，循环 5 次
for _ in range(5):
    time.sleep(10)
    reminder()
```

运行结果如图 1-6 所示。

```
[(base) caiyiwen@cyw-mbp16 1.4 % python test.py
休息一下，放松下眼睛！
喝水！
喝水！
记得站起来走一走！
喝水！
(base) caiyiwen@cyw-mbp16 1.4 %
```

图 1-6　程序运行结果示意

这段代码通过 random.choice(reminders) 随机选择一个提醒内容。这样，你收到的每次提醒的内容都会变化，你的程序是不是变得更有趣了？

1.4.2　你已经是个编程小能手了！

本章的实践任务就到这里了，相信你现在应该对编程有了更多的理解。你已经成功编写了自己的第一个程序，并且通过修改代码，逐步学会了如何调整它的功能。是不是觉得编程并没有那么神秘？通过 AI 的帮助，我们很容易就能完成一些有用的小程序，从而，帮助提升工作效率，甚至解决日常问题。

编程并不仅仅是"写代码"，它是一种用逻辑思维来解决问题的方式。你可以通过它把抽象的需求变成具体的程序，让计算机为你工作，处理你需要的事情。

随着你对编程和 AI 的理解不断加深，你将能够编写更复杂的程序，

甚至创造出属于你自己的超级应用。在未来的学习中，AI 将是你最强大的伙伴。它会帮助你快速实现想法，让编程变得不再是难以逾越的障碍，而是你工作、生活中的得力助手。所以，别再犹豫，勇敢地去编写你的下一个程序吧！你已经准备好成为编程高手了！

第 2 章

零基础用 AI，也能轻松掌握编程

在第 1 章中，我们见识了 AI 编程的强大，了解了它如何帮助我们解决工作和学习中的难题，甚至还写出了自己的第一个程序。但是，我们仍然需要具备一定的编程思维，才能更好地与 AI 协作。那么，如何零基础掌握编程思维？

2.1 从想法到代码，理解编程思维并不难

在 AI 时代，编程已经不再是少数专业人士的专属技能。即便你没有技术背景，也可以借助 AI 的力量，将自己的想法转化为代码，并实现各种有趣的应用。编程本质上就是一种解决问题的思维方式。将自己的想法转化为代码，就是编程思维的具象体现。

那么，如何才能在 AI 的帮助下将想法转化为代码呢？

2.1.1 问题分解：就像规划一次旅行

想象一下，当你准备计划一次旅行时，你要做的是什么？首先，要明确目标：你去哪里？什么时候去？需要多少预算？这些就是需求分析。编程也一样，在开始写代码前，你要搞清楚自己要做什么。然后，将大问题分解成一个个小问题，逐一解决。分解问题就像是规划一次旅行，你不会一次性把旅行计划的所有细节都安排好，而是会逐步规划每个环节。

（1）**明确目标**。正如你决定要去哪儿旅行一样，编程的第一步是明确你的目标。例如，你可能想做一个"旅行提醒"应用。

（2）**细化需求**。在旅行中，你要安排哪些活动、预订哪些服务？同样地，在编程时，你需要确定具体的功能，如设置提醒、查看提醒等功能。

（3）**资源分配**。在规划旅行时，你会选择合适的交通工具和预算。在编程过程中，你也需要选定适合自己的工具和框架来开发应用。

每个小环节的精心规划和有效实施，最终都会帮助你达成大目标。

2.1.2 AI：引导你理清思路

AI 不仅能帮你写代码，它还能帮助你理清需求和思路。比如，假设你想做一个"旅行提醒"应用，但不知道从哪开始。没关系，你可以通过与 AI 对话，一步步明确你的需求。具体示例如下。

你：我想做一个"旅行提醒"应用。

AI：那你希望这个应用具备哪些功能？是设置提醒、查看提醒，还是做其他事情？

你：我希望能设置提醒并查看它们。

AI：明白，那提醒应该如何显示？按时间排序还是按重要性排序？

你：按时间排序。

通过 AI 的引导，你不仅明确了需求，还能找到适合自己的方式，将这些需求一步步转化为代码。

接下来，我们将通过一个具体的例子——"旅行提醒"应用，来展示如何将需求转化为代码，并逐步实现这些功能。我们可以把需求分解成以下几个步骤。

（1）**添加任务**：你希望能够向应用中添加任务。具体到代码上，这意味着你需要一个输入框，用户输入任务内容后，单击输入框对应的按钮，任务就会被添加到列表里。

（2）**显示任务**：任务添加完后，接下来是显示任务。你需要决定任务显示的顺序，按优先级还是按时间排序？在编程中，你会用列表来存储任务，并通过排序算法决定它们的显示顺序。

（3）**标记任务完成**：一旦任务完成，你想打个钩或删除它。在编程中，这指的就是显示任务状态的切换功能。用户单击"完成"按钮后，该任务就会显示"已完成"状态。

（4）**删除任务**：任务完成后，用户可能想删除它。这个需求在代码中非常简单，为每个任务添加一个"删除"按钮，单击该按钮，任务就会从列表中消失。

这样，"旅行提醒"应用的核心功能就逐步完成了。

在编程过程中，看到一个可视化的界面更能帮助你理解应用的功能，通过这样的界面，你能清晰地看到应用的结构，理解每个功能的目的。为了帮助你更直观地理解这些功能，下面展示了"旅行提醒"应用的实际效果，如图 2-1 所示。

图 2-1　程序运行结果示意

我们来看一下 AI 提供的代码核心片段。

（1）**添加任务——用户输入内容，系统帮你保存起来。**

当你打开网页，输入一个提醒内容，如"明天早上 6 点出发去机场"，然后单击"添加提醒"按钮，程序背后会发生以下几件事：

1）系统把你输入的内容打包发给后端（也就是服务器上的 Python 程序）；

2）后端收到这条提醒信息后，会加上一个"时间戳"（如 2025 年 4 月 8 日 10:23:01）；

3）把这条提醒内容保存到 reminders.json 文件中，这个文件就像一个小仓库，专门用来存储你的提醒内容；

4）刷新网页，展示出最新的提醒列表。

以上过程由下面这段代码完成：

```Python
@app.route('/add', methods=['POST'])
# 当有人 " 发来一条添加提醒的请求 " 时，执行下面的代码
def add():
    content = request.form.get('content')
    # 从网页的输入框里，拿到你写的提醒内容
    if content:   # 如果输入框不是空的
        reminders = load_reminders()
        # 先把以前的提醒数据读出来
        # 把新的一条提醒内容加进去，
        # 包括内容本身、是否完成、创建时间
        reminders.append({'content': content, 'completed':
False, 'created_at': datetime.now().isoformat()})
        save_reminders(reminders)
        # 把更新后的提醒数据再存回文件中
    return redirect(url_for('index'))   # 最后，跳转回首页
```

通俗点说：你单击"添加提醒"按钮，程序就把提醒写进一个保存提醒的本子（reminders.json 文件）里，并再次翻开小本子，把你写的新提醒就显示出来了。

（2）显示任务——每次打开网页，都能看到所有提醒。

当你打开网页时，系统会自动做一件事：读取之前保存的所有提醒内容，然后逐个地展示在网页上。也就是说，它会有如下操作。

1）打开 reminders.json 文件。

2）读出里面的每一条提醒。

3）把它们按从新到旧进行排序。

4）一条条"印"在网页上。

这件事由下面这段代码完成。

```Python
```

```
@app.route('/')
def index():
    reminders = sorted(load_reminders(), key=lambda x:
x.get('created_at', ''), reverse=True)
    return render_template_string(HTML_TEMPLATE,
reminders=reminders)
```

其中，HTML_TEMPLATE 是提前写好的一张"提醒展示"小本子，每次系统会把提醒内容一个个填到小本子里，生成完整的页面。你一打开网页，系统就去翻你的小本子，把所有提醒内容找出来，贴在页面上展示给你看。

（3）标记任务完成——单击一下按钮，任务状态变为"完成"。

如果你完成了一件事，比如，买好机票了，你就可以单击提醒卡片右下角的"完成"按钮。这个时候程序会做以下几件事：

1）网页会告诉后端："我单击了第……条提醒内容的'完成'按钮"；

2）后端就会找到这条提醒，把它的状态从"是否完成"改成"完成"（或从"完成"改回"未完成"）；

3）刷新页面，你会看到这条提醒变成了绿色卡片，文字还有删除线，表示它已经完成了。

实现这个功能的代码如下：

```
Python
@app.route('/complete/<int:index>', methods=['POST'])
def complete(index):
    reminders = load_reminders()  # 先把全部提醒读出来
    reminders[index]['completed'] = not reminders[index].
get('completed', False)  # 把这条提醒的"完成"状态取反
    save_reminders(reminders)  # 再保存回去
    return '', 204  # 返回一个成功的空响应
```

（4）删除任务——不想看该提醒信息了，一键删除。

如果某条提醒你不再需要了，比如"打印行程单"已经不重要了，

你可以单击"删除"按钮，把它彻底移除。这时系统会：

1）找到"打印行程单"这条提醒；

2）从提醒列表里把这条提醒移除；

3）再保存一次；

4）刷新网页，这条提醒就不见了。

实现这个功能的代码如下：

```Python
@app.route('/delete/<int:index>', methods=['POST'])
def delete(index):
    reminders = load_reminders()  # 先读取全部提醒
    del reminders[index]  # 删除指定的提醒
    save_reminders(reminders)  # 保存
    return '', 204
```

你可以理解成，你用橡皮擦把这条提醒从小本子上擦掉了，干干净净。

通过这些代码，AI 不仅帮助你实现了"旅行提醒"应用的基本功能，还让你更清楚如何一步步拆解问题，逐个攻克。

2.1.3 编程与 AI：轻松解决复杂问题

编程不仅是写代码，它更是一种用逻辑思维拆解问题的艺术。在 AI 的帮助下，复杂的任务可以被分解成一个个清晰的步骤，让模糊的需求变为具体的代码。AI 不仅能帮你写代码，还能帮助你理清思路、优化方案，让你的编程过程更加高效。

编程就像规划一次旅行，刚开始可能不知道从何下手，但只要分步执行，每往前走一步都会让你离目标更近。而 AI 不仅是工具，更像是一位引路人，帮助你少走弯路，让你的编程旅程更加顺畅。

2.2 让 AI 帮你理清思路，让你的需求更清晰

在将初步想法转化为具体需求的过程中，AI 可以成为你的得力助手。它不仅能帮助你明确自己的需求，还能引导你考虑实现这些需求的具体步骤。

2.2.1 AI 帮助你把需求具体化

很多时候，在工作或日常生活中我们会有一些简单的想法，比如"我想创建一个可以提醒我做事情的应用"或者"我需要一个能帮助我记住会议安排的工具"。

但这些想法往往比较模糊，你可能会想，这个东西到底该怎么做？要有哪些功能？界面要如何设计？没关系，AI 像一个耐心的导师，可以逐步帮你梳理这些问题，把模糊的想法变成清晰的需求。这个过程不需要你懂技术，AI 会主动提出你可能忽略的细节，确保你不会错过重要的功能。

假设你有一个简单的需求：做一个"待办事项"应用。接下来，我们通过与 AI 的对话来演示需求具体化的过程。

1. 明确核心功能

你：我想做一个"待办事项"应用。

AI：好的，你希望这个应用能做哪些事情呢？是只记录任务，还是希望能设置提醒、分类任务，甚至显示任务优先级？

这时，AI 问了一个非常关键的问题："你希望这个应用能做什么？"它没有直接假设你需要哪些功能，而是通过开放性问题，让你开始思考这个应用的核心需求。通过这个问题，AI 引导你意识到"待

办事项"应用不仅是记录任务，还可以设置提醒、显示任务优先级、分类任务等。

你：嗯，我希望可以记录任务、设置提醒、标记优先级，还想按照工作、生活、学习对任务进行分类。

AI：明白了，那我们可以把这些需求拆解成记录任务、提醒设置、优先级标记、分类管理、用户体验优化，以及其他附加功能（可选）这几个部分。

AI 通过这个问题，帮助你把"待办事项"应用这一模糊的概念拆解成了几个清晰的功能模块。

2．进一步细化需求

接下来，AI 继续通过问题来帮助你深入思考每一个功能细节。

你：我想让用户可以设置提醒。

AI：提醒是一次性的吗？还是需要设置反复提醒？你希望提醒的方式是通过通知、邮件，还是铃声？

通过 AI 进一步细化地提问，我们可以发现设置提醒功能并不简单。不仅需要考虑提醒的时间（一次性还是重复），还要思考提醒的方式（通知、邮件、铃声）。这样，提醒功能就从一个简单的想法，变成了几个具体的任务。

你：我希望是定时提醒，也可以重复提醒，最好是推送通知。

AI：明白了。你希望用户可以设置定时提醒和重复提醒，并且这些提醒最好是通过推送通知来实现。

AI 通过这个问题，帮你梳理了设置提醒功能的详细需求。当然，如果 AI 的回答和你想要的回答有出入，你也可以和 AI 进行进一步的沟通。

3. 界面设计和数据存储

在明确了功能需求后，接下来需要思考如何将这些功能呈现给用户，以及如何存储相关数据。界面设计决定了用户如何与应用交互，而数据存储方式则影响应用的运行效率和可扩展性。

你：我希望用户可以看到任务的优先级。

AI：任务的优先级是通过颜色、数字还是其他方式显示？是否要让用户标记任务为"已完成"？

通过这一问题，AI 帮助你深入思考界面设计和数据存储的问题，不仅包括优先级的展示，还包括任务完成状态的呈现。你开始思考任务如何显示在界面上，并考虑用户的交互需求。

你：我希望通过颜色来显示任务的优先级，并且允许用户标记任务为已完成。

AI：好的，这样用户可以快速区分不同优先级的任务，同时能标记完成的任务，从而增强用户体验。

接下来，AI 将帮助你考虑数据如何存储。

你：这些信息怎么存储呢？

AI：如果你只打算在本地使用这个应用，你可以选择用浏览器的本地存储，这是一种简单的方式。如果你希望在多个设备之间同步任务，或者让多个用户共享任务，那么你需要使用数据库。你倾向于哪种方式呢？

在这里，AI 主动提出了存储的选项，帮助你思考如何管理任务数据。它让你意识到，选择存储方式可能会影响后续的功能实现，而这恰恰是你之前没有考虑到的问题。

你：我只需在单个设备上使用待办事项，因此本地存储就够了。

　　AI：明白了。既然你只需在单个设备上使用待办事项应用，选择本地存储确实是一个简单且高效的选择。对于浏览器应用，推荐使用 IndexedDB，因为它是浏览器内置的一个小型数据库，非常适合你的应用场景。不过，如果你更倾向于简单实现并且数据量不大，localStorage 也可以满足需求。

　　通过这个问题，AI 引导你明确了数据存储的选择，让你避免了因忽略存储细节而造成后续的功能实现出错。

2.2.2　AI 助你梳理完整需求

　　AI 通过一系列提问，帮助你从"大致需求"到"具体功能"逐步拆解。每个问题都像一个线索，引导你更清晰地看到自己真正需要的功能，而不仅是模糊的"待办事项"应用。这些提问确保你可以从多个角度考虑应用的各个方面，让你的需求变得更加清晰。

　　当需求变得清晰后，AI 会继续帮助你将这些需求转化为具体的代码。比如，在实现提醒功能时，AI 可能会建议你使用 setTimeout 或 setInterval 函数来设置定时提醒，或者用 Notification API 来推送浏览器通知。

　　AI 通过不断地提问和整理，让你理清每个功能，并把复杂的任务分解成了简单可执行的步骤，让整个过程变得更加有条理。

　　如果你的需求变得清晰了，但是不知道该如何把需求详细地记录下来，也不用担心。通过我们刚才和 AI 聊天的上下文，完全可以让 AI 帮你梳理一份需求文档，如图 2-2 所示。

模块	功能点	描述
项目概述	任务记录、提醒设置、任务优先级、任务分类、任务完成标记	目标是开发简单易用的待办事项应用，支持本地存储，界面简洁
核心功能	任务记录	记录任务名称、描述、截止日期，并存储到本地数据库
	提醒设置	支持定时提醒、重复提醒（每日、每周），通过推送通知提醒
	任务优先级	任务可设置"高、中、低"优先级，并通过颜色/图标来标识
	任务分类	任务可按"工作、生活、学习"等类别进行筛选和查看
	任务完成标记	任务完成后可标记，支持变色、加对钩等显示效果
界面设计	任务列表页面	显示任务名称、优先级、截止日期、分类，支持分页
	任务详情页面	展示任务完整信息，支持编辑和修改
	任务创建页面	包括任务名称、描述、截止日期、提醒、优先级、分类选择
技术要求	前端技术	推荐React/Vue，使用HTML/CSS构建界面
	推送通知	采用浏览器Push API和Notification API
	数据存储	使用IndexedDB或localStorage进行任务存储
数据存储方案	任务数据结构	包括任务名称、描述、截止日期、提醒、优先级、分类、完成状态
未来扩展	跨平台支持	任务同步至多个设备（如移动端），增加云存储支持

图 2-2　需求文档示意

2.3 循环、条件、函数，AI 帮你快速理解

　　进入职场后，代码的需求越来越常见。借用 AI 编程，你只需要掌握几个简单的概念，就能轻松实现自动化工作并提升效率。

　　在这一节，我们将帮助你理解编程中的几个核心概念——循环、条件和函数。这些看起来复杂的概念其实很好理解，甚至可以在日常生活中找到许多类似的例子。让我们通过一个简单的待办事项应用案例，带你一步步搞懂这几个编程概念。

2.3.1　循环：让任务重复执行

你有没有注意到，你每天早晨都会做一些重复的事情？如起床、刷牙、吃早餐、收拾书包。对于这些事情，几乎是习惯性地完成的，并不需要你每次都重新安排。编程中的"循环"就像是你每天重复做的这些事情，它让某个任务反复执行，直到达到某个条件为止。

学会了"循环"，我能解决什么问题？ 假设你需要做一些重复性的任务，比如每隔一段时间提醒自己喝水，或者不断提示你输入任务，直到你决定停止。循环就可以帮你自动执行这些任务，省去了手动操作的麻烦。

示例：你想让计算机不断提示你输入任务，直到你输入"结束"。这时，使用"循环"就能让程序不断地提示，而你不需要每次都启动一个新的程序。

```Python
while True:
    task = input("请输入你的任务（输入'结束'来停止):")

    if task == '结束':
        break
    else:
        print("任务已添加:", task)
```

这段代码就是一个简单的循环，它会反复提示你输入任务，直到你输入"结束"来停止它。

2.3.2　条件：让程序根据情况做决定

在生活中，我们每天都会根据不同的情况做决定。比如，你有两个待办任务，一个是紧急的，另一个是可以稍后做的。你会优先处理紧急的待办任务，对吧？这就是判断的概念。编程中的"条件"就像你做判断时依据的标准，程序会根据设定的规则来选择不同的操作。

学会了"条件"，我能解决什么问题？ 你可以使用"条件"，让程序根据不同的情况做决定。

示例：你可以设置任务的截止日期，程序会根据当前日期自动判断任务是否紧急。如果任务紧急，就提醒你优先完成；如果任务不紧急，程序会告诉你可以稍后处理。

```Python
import datetime

while True:
    # 获取用户输入任务
    task = input("请输入你的任务（输入'结束'来停止):")

    # 如果用户输入'结束'，则退出循环
    if task == '结束':
        break

    # 获取当前日期
    current_date = datetime.datetime.now().date()

    # 设置任务的截止日期
    deadline = datetime.date(2025, 2, 14)
    # 假设任务截止日期是
2025 年 2 月 14 日

    # 判断任务的优先级
    if current_date >= deadline:
        print(f"任务已添加：{task}，优先级：高（必须今天完成)")
    else:
        print(f"任务已添加：{task}，优先级：低（可以稍后处理)")
```

这段代码会根据当前日期和任务的截止日期来判断任务是否紧急，从而决定任务的优先级。

2.3.3 函数：把复杂问题拆分成小任务

你会发现，当我们做任务管理时，通常会将大任务分解成几个小任务，如添加任务、删除任务、查看任务等。编程中的"函数"就是用来分解任务的。每个小任务就像是一个"工具"，你只需要在需要的时候调用它，就能完成特定的功能。

学会了"函数"，我能解决什么问题？ 通过"函数"你可以把一个大任务拆成多个小任务，这样程序就变得更整洁、易于管理，也方便日后修改或扩展。你可以将"添加任务""删除任务"和"查看任务"这 3 个功能分别写成不同的函数，每次需要时调用它们。

示例：在待办事项应用中，你可以设计多个功能，如添加任务、删除任务、查看任务等。通过函数，你可以将这些功能分别封装起来，代码更加清晰易懂。

```python
Python
# 添加任务
def add_task(task_list, task):
    """ 将新任务添加到任务列表 """
    task_list.append(task)
    return task_list


# 删除任务
def delete_task(task_list, task):
    """ 从任务列表中删除任务 """
    if task in task_list:
        task_list.remove(task)
    else:
        print(" 任务不存在！")
    return task_list


# 查看任务
def view_tasks(task_list):
```

```
    """查看所有任务"""
    if task_list:
        for task in task_list:
            print(task)
    else:
        print("没有待办任务。")

# 示例使用
tasks = []  # 初始任务列表
tasks = add_task(tasks, "完成 Python 练习")
tasks = add_task(tasks, "写待办事项应用")
tasks = delete_task(tasks, "完成 Python 练习")
view_tasks(tasks)
```

这段代码把添加任务、删除任务、查看任务分别做成了不同的函数。每个函数都负责做一件事，使得代码更简洁。如果需要修改某个功能时，只需要调整对应的函数即可。

2.3.4 把循环、条件和函数结合起来

通过以上几个简单的示例，你已经学会了循环、条件和函数的基本概念。实际上，这些概念往往会一起使用，尤其是在一个复杂的应用中。它们就像是你日常工作中的不同工具，帮助你高效地完成任务。

举个例子，在你的"待办事项"应用中，你可能需要做以下事情。

● 反复询问用户输入任务。

● 判断任务是否紧急，并根据任务的优先级给出不同的提示。

● 处理不同类型的任务。

而学会了"循环""条件"和"函数"这 3 个概念，你就可以轻松解决日常工作中很多自动化、优化和任务管理的问题。

● 用**循环**解决重复性任务的问题，自动化执行某些操作。

● 用**条件**判断根据不同情况做出决策，帮助你管理任务的优先级。

● 用**函数**把复杂的任务拆解成更简单的小任务，使得代码更整洁易懂，也方便日后修改和扩展。

只要你掌握了这些简单的编程概念，编程就不再是高深的技术活，而是一个解决问题的工具。

2.4　掌握 AI 编程对话技巧，让 AI 帮你写代码

有了前面的基础，加上 AI 的技术进步，现在编程并不难。

下面就让我带你掌握 AI 对话的技巧，让它能更好地理解你的意图，生成合格的代码吧。

2.4.1　清晰明确地表达需求

编程的第一步是让 AI 明白你需要做什么。如果你只是简单地说：“我需要做个网页”，那 AI 可能会一头雾水，不知道你到底需要什么样的网页。为了避免 AI 误解，你应该尽量清晰和具体地描述你的需求。

比如，以下这两种提问方式，AI 生成的代码是完全不同的。

第一，不明确地提问：我需要做个网页。

第二，更清晰地提问：我需要一个网页，里面包含一个用户登录表单，包括用户名输入框、密码输入框和提交按钮。

在第二个提问中，**你清楚地告诉了 AI 网页的具体内容**，这样它就可以根据你的需求生成相应的代码。

有些任务可能比较复杂，直接要求 AI 做一个完整的项目可能有点

困难。这个时候，你可以通过分步提问的方式，**把大问题拆解成一个个小问题**，逐步完善项目。

比如，如果你想做一个"联系人列表"，可以采用以下 4 步来进行提问。

第一步提问：能帮我生成一个包含姓名、电话号码和电子邮件的联系人列表吗？

第二步提问：列表可以加上样式吗，让它看起来更好看？

第三步提问：列表里能加一个提交按钮吗？

第四步提问：能把列表的内容加上标签，显示每一列的名字吗？

每次提问后，AI 都会生成相应的代码，而你可以根据生成的结果继续调整，最终得到完美的代码。

如果你有一些已经完成的部分，或者你对某个设计有参考的样例，**请提供这些背景信息**，这样，AI 会更容易通过你的背景信息理解你的需求，更好地帮助你生成代码。

比如，如果你想优化已有代码，可以采用以下方式清晰地描述你的需求：

这是我做的一个表格，能帮我优化一下吗？

或者给出参考设计：

我想做一个像 Facebook 那样的登录页面，能帮我写个类似的吗？

通过这些背景信息，AI 就能根据你已有的内容或设计给出更符合你要求的代码。

2.4.2 如何引导 AI 生成代码

让我们通过具体的例子，看看如何与 AI 对话，获得你需要的代码。

记住，和 AI 的对话不仅是简单的提问和回答，更是一个不断调整和完善问题的过程。AI 是根据你的需求一步步"走向"你想要的代码。

假设你需要一个"联系人列表"的网页，第一步你应该告诉 AI，你想要什么样的网页。你可以像下面这样向 AI 提问：

我需要一个简单的网页，展示一个联系人列表，表格里包含姓名、电话号码和电子邮件。

然后，AI 会根据你的描述生成一个基础的 HTML 代码。

```Html
<!DOCTYPE html>
<html lang="zh-CN">
<head>
    <meta charset="UTF-8">
    <meta name="viewport" content="width=device-width,
initial-scale=1.0">
    <title>联系人列表</title>
</head>
<body>
    <h1>联系人列表</h1>
    <table border="1">
        <thead>
            <tr>
                <th>姓名</th>
                <th>电话号码</th>
                <th>电子邮件</th>
            </tr>
        </thead>
        <tbody>
            <tr>
                <td>张三</td>
                <td>+86 13800000000</td>
                <td>zhangsan@example.com</td>
            </tr>
            <tr>
                <td>李四</td>
```

```
                <td>+86 13811111111</td>
                <td>lisi@example.com</td>
            </tr>
            <tr>
                <td>王五</td>
                <td>+86 13822222222</td>
                <td>wangwu@example.com</td>
            </tr>
        </tbody>
    </table>
</body>
</html>
```

这里，AI 根据你的需求生成了一个基本的列表，其中，包含了你要求的姓名、电话和电子邮件列。这个表格虽然简单，但已经是一个完整的 HTML 代码了。

让我们来看一下运行结果（见图 2–3）。

联系人列表

姓名	电话号码	电子邮件
张三	+86 13800000000	zhangsan@example.com
李四	+86 13811111111	lisi@example.com
王五	+86 13822222222	wangwu@example.com

图 2–3　联系人列表程序示意

2.4.3　逐步优化代码

当你拿到 AI 生成的基础代码后，会发现它可能还有一些地方需要调整或者改进。比如，**你可能觉得这个表格有点单调，希望它看起来更美观**。你可以继续向 AI 提问，让它帮你修改表格样式，提问示例如下：

能不能给这个表格加些样式，让它看起来更有设计感？

于是，AI 就会生成带有样式的代码，让表格更加美观。

```Html
<!DOCTYPE html>
<html lang="zh-CN">
<head>
    <meta charset="UTF-8">
    <title>联系人列表</title>
    <style>
        body {
            font-family: Arial, sans-serif;
            background: #f4f4f4;
            padding: 20px;
        }
        table {
            width: 100%;
            border-collapse: collapse;
            margin: 20px 0;
            box-shadow: 0 0 10px rgba(0,0,0,0.1);
        }
        th, td {
            padding: 10px;
            text-align: left;
            border-bottom: 1px solid #ddd;
        }
        th {
            background: #007bff;
            color: #fff;
        }
        tr:hover {
            background: #f1f1f1;
        }
    </style>
</head>
<body>
    <h2>联系人列表</h2>
    <table>
```

```
        <tr><th> 姓名 </th><th> 电话 </th><th> 邮箱 </th></tr>
        <tr><td> 张三 </td><td>13800000000</td><td><a
href="mailto:zhangsan@example.com">zhangsan@example.com</a></
td></tr>
    </table>
</body>
</html>
```

出于篇幅考虑，文中仅展示部分代码。这段代码不仅提供了功能性的表格展示，还通过简单的 CSS 样式提升了表格的设计感。

让我们来看一下运行结果（见图 2-4 ）。

图 2-4　联系人列表程序优化示意

2.4.4　逐步添加功能

接下来，你可能会想：这个表格能不能加入一些交互功能？如给表格中的联系人发送邮件。那么，你可以继续向 AI 提问：

我能给表格中的联系人发送邮件吗？

于是，AI 又为你加上了这一个功能。

1. 安装发送邮件所需要的库

打开命令提示符（Windows）或终端（macOS/Linux），然后运行以下命令来安装所需的 Python 库。

```Bash
pip install Flask Flask-Mail
```

运行结果如图 2-5 所示。

```
[(base) caiyiwen@cyw-mbp16 2.4 % pip install Flask Flask-mail
Requirement already satisfied: Flask in /opt/anaconda3/lib/python3.12/site-packages (3.1.0)
Requirement already satisfied: Flask-mail in /opt/anaconda3/lib/python3.12/site-packages (0.10.0)
Requirement already satisfied: Werkzeug>=3.1 in /opt/anaconda3/lib/python3.12/site-packages (from Flask) (3.1.3
)
Requirement already satisfied: Jinja2>=3.1.2 in /opt/anaconda3/lib/python3.12/site-packages (from Flask) (3.1.4
)
Requirement already satisfied: itsdangerous>=2.2 in /opt/anaconda3/lib/python3.12/site-packages (from Flask) (2
.2.0)
Requirement already satisfied: click>=8.1.3 in /opt/anaconda3/lib/python3.12/site-packages (from Flask) (8.1.7)
Requirement already satisfied: blinker>=1.9 in /opt/anaconda3/lib/python3.12/site-packages (from Flask) (1.9.0)
Requirement already satisfied: MarkupSafe>=2.0 in /opt/anaconda3/lib/python3.12/site-packages (from Jinja2>=3.1
.2->Flask) (3.0.2)

[notice] A new release of pip is available: 24.3.1 -> 25.0.1
[notice] To update, run: pip install --upgrade pip
(base) caiyiwen@cyw-mbp16 2.4 %
```

图 2-5　程序运行结果示意

2．创建发送邮件功能的脚本

打开文本编辑器（如记事本），然后，复制并粘贴下面提供的
Python 代码。

```Python
from flask import Flask, request, redirect, url_for
from flask_mail import Mail, Message

app = Flask(__name__)

# 配置邮件服务器
app.config.update(
    MAIL_SERVER='smtp.example.com',  # SMTP 服务器地址
    MAIL_PORT=587,                     # 端口号（587 适用于 TLS）
    MAIL_USE_TLS=True,                 # 启用 TLS 加密
    MAIL_USERNAME='your-email@example.com',  # 邮箱账号
    MAIL_PASSWORD='your-password',          # 邮箱密码
    MAIL_DEFAULT_SENDER='your-email@example.com'  # 默认发件人
)

mail = Mail(app)

@app.route('/send_email', methods=['POST'])
def send_email():
    """ 处理邮件发送请求 """
```

```
recipient_email = request.form.get('email')
# 获取表单中的收件人邮箱
if not recipient_email:
    return "Error: No email address provided", 400
    # 处理缺少邮件地址的情况

msg = Message(
    subject=" 联系 ",
    recipients=[recipient_email],
    body=" 测试邮件 "
)
mail.send(msg)
return redirect(url_for('index'))  # 发送邮件后重定向到首页

if __name__ == '__main__':
    app.run(debug=True)
```

注意：如果你想发送邮件，请在代码中根据你使用的邮件服务提供商（如 Gmail、QQ 邮箱等）调整 MAIL_SERVER、MAIL_PORT、MAIL_USE_TLS、MAIL_USERNAME 和 MAIL_PASSWORD 的值。

AI 根据你的需求，添加了一个"发送邮件"按钮。这时，你的表格不仅具有设计感，还具备了基本的交互功能。

让我们来看一下运行结果（见图 2-6）。

姓名	电话号码	电子邮件	操作
张三	+86 13800000000	zhangsan@example.com	发送邮件
李四	+86 13811111111	lisi@example.com	发送邮件
王五	+86 13822222222	wangwu@example.com	发送邮件
菜菜	+86 18268806621	956893236@qq.com	发送邮件

图 2-6　联系人列表邮件功能程序运行结果示意

单击"发送邮件"按钮，就可以发送邮件了！邮件如图 2-7 所示。

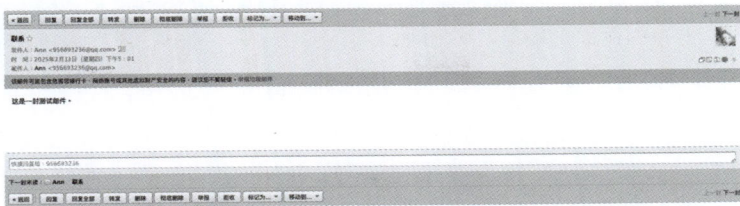

图 2-7　邮件示意

2.4.5　和 AI 一起写代码的乐趣

AI 通过对话和互动让技术服务于你，帮助你快速高效地完成工作和学习任务。而最棒的是，这一切都不需要你具备编程背景，AI 已经帮你解决了那些技术上的复杂部分。只要你掌握了与 AI 沟通的技巧，编程将不再是一个高不可攀的技能，而是每个人都能轻松掌握的工具。

无论是需求描述、代码生成，还是逐步优化和加注释，**AI 都像一个得力的助手，帮助你实现编程目标。**而且，随着你对 AI 对话技巧的熟练掌握，你会发现编程变得越来越容易。你不需要掌握复杂的编程语言或语法，只需要和 AI 说出你的想法，它就能帮你实现。

在本章中，你已经学会了如何与 AI 进行有效对话，逐步让它帮你生成代码。这种与 AI 互动的方式，是未来编程的趋势，也为没有编程背景的人打开了一个全新的世界。现在，AI 已经不仅是"智能助手"，它更是你的编程伙伴，帮助你跨越技术门槛，快速实现想法。

第 3 章

自动整理资料，打造个人文献知识库

编程并不可怕，有了 AI 的帮助，我们可以更轻松地把想法变成代码。在接下来的内容中，我们将学习如何用 AI 编程自动整理资料，打造属于自己的高效文献知识库，让信息管理变得更加智能。

3.1　智能文件分类整理：用 AI 编程自动化整理文件

　　面对日常工作中不断增加的各种文档资料，如何高效地管理和快速查找所需文件成为一个重要挑战。随着文件数量的增加和格式的多样化，传统的手动管理方式已难以满足我们现代办公的需求。幸运的是，现在借助 AI，我们有了更智能、高效的解决方案。

3.1.1　AI 编程助力文件管理，杂乱资料变整齐

　　在现代工作环境中，无论是个人还是团队，都会积累大量的文档资料。这些文件可能来自不同的地方，格式也五花八门，包括 Word 文档、PDF、图片、表格等。时间一长，计算机桌面就像是一个"数字收纳箱"，堆得满满当当。手动整理这些文件？那感觉就像是在整理一个堆满各种东西的杂物间，费时费力还容易出错。尤其是，当你急着找一份文件时，翻来覆去就是找不到，急得直挠头。

　　别担心，AI 编程来帮忙了！它就像是一个超级整理助手，能帮你自动分类和管理这些文件，让你的计算机桌面从"杂乱无章"变成"井然有序"。通过 AI 编程我们可以实现文件的自动化管理，从烦琐的手动操作中解脱出来。

　　在让 AI 动手之前，我们得先明确自己的需求。你需要整理哪些文件？是散落在桌面各个角落的 Word 文档，还是藏在文件夹深处的 PDF？你希望它们被整理成什么样？是按类型分，还是按日期分？这些问题想清楚了，才能让 AI 帮你干活儿。毕竟，AI 再聪明，也得知道你的需求才能对症下药。

　　AI 编程的好处可太多了，咱们一条条说：

（1）**高效如"闪电"。**想象一下，你手动整理 1000 个文件，估计得花上好几天。但 AI 编程呢？几分钟搞定！它就像是个"文件收割机"，瞬间就能把乱七八糟的文件整理得井井有条。你可以把省下来的时间干点更有意义的事。

（2）**准确如"侦探"。**AI 编程不仅能快速分类，还能根据文件内容智能识别。比如，它能分辨出哪些是工作报告，哪些是搞笑表情包，从而确保每个文件都去了该去的地方。再也不用担心把老板的 PPT 误删了！

（3）**灵活如"变形金刚"。**AI 编程的分类规则可以根据你的需求定制。你可以让它按文件类型、日期、关键词等进行分类。想怎么分类就怎么分类，完全听你的指挥。

通过 AI 编程，你的计算机桌面再也不会乱得像杂物间了。文件实现自动分类，使查找文件变得方便快捷，工作效率噌噌往上涨。无论是个人办公还是团队协作，AI 编程都能帮你轻松搞定文件管理。AI 编程就是这么靠谱！

3.1.2 案例：自动进行文件分类

本案例讲的是如何通过 AI 编程自动进行文件分类，具体流程如图 3-1 所示。

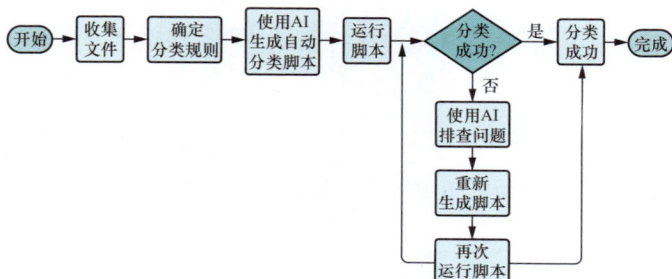

图 3-1　流程示意

接下来让我们来看看具体需要如何操作。

1. 梳理你要向 AI 提问的问题

现在，把你的需求告诉 AI。可以尝试先用你的背景问题、目标需求、现状与挑战，还有 AI 对应回答的具体要求来结构化梳理你的思路，并向 AI 提问。

（1）**背景问题**。

● 我的计算机桌面堆满了【Word、PDF、图片等文件】，查找困难，管理混乱。

● 手动分类【费时费力，容易遗漏和出错】，影响工作效率。

（2）**目标需求**。

● 我希望通过【AI 编程】，创建一个【自动化文件管理系统】，能【根据预设规则自动分类整理文件】。

● 该系统应【简单易用】，即使【没有编程基础】也能轻松操作，让我能专注于文件内容，而不是整理工作。

（3）**现状与挑战**。

● 目前，我【每天花大量时间查找和整理文件】，不仅低效，还容易遗漏关键信息。

● 市场上的文件管理工具【无法满足我的个性化需求】，因此希望【定制一个更符合自身需求的自动整理方案】。

（4）**具体要求**。

我不懂编程，请用【1、2、3 步骤】形式，【简明清晰】地指导我如何用 Python 脚本实现【自动文件管理】。

注：本书【　】中的内容为提示词模板占位符，后文不再赘述。

2. 执行 AI 回答中的步骤

首先，创建文件分类器脚本。

打开你的编码工具或文本编辑器，编码工具例如 VS Code、PyCharm
等专业编程工具。如果你不会编程也没有关系，你可以打开计算机上的
文本编辑器，例如 Windows 上的记事本也是可以的，然后将 AI 回答中
的代码片段复制进去。

```python
Python
import os
import shutil
from pathlib import Path

def organize_files(directory):
    """
    按文件扩展名整理目录中的文件名，将它们移动到对应的文件夹中。

    参数：
    directory (str)：需要整理的目录路径
    """
    # 确保目录路径有效
    directory_path = Path(directory)
    if not directory_path.exists() or not directory_path.is_dir():
        print(f"错误：目录'{directory}'不存在或不是一个有效目录。")
        return

    # 遍历目录下的所有文件
    for file_path in directory_path.iterdir():
        if file_path.is_file():
            # 获取文件扩展名（去掉"."，转换为小写）
            extension = file_path.suffix[1:].lower()

            if not extension:  # 忽略没有扩展名的文件
                continue
```

```
# 根据扩展名创建目标文件夹
folder_path = directory_path / extension
folder_path.mkdir(exist_ok=True)
# 如果文件夹不存在，则创建文件夹

# 移动文件到对应的文件夹
try:
        shutil.move(str(file_path), str(folder_path /
file_path.name))
        print(f"移动：{file_path} → {folder_
path}")
    except Exception as e:
        print(f"无法移动 {file_path}: {e}")
# 使用示例：请替换为你的桌面路径或需要整理的目录
organize_files("C:\\Users\\YourUsername\\Desktop")
```

随后，请根据你的操作系统和具体路径修改最后一行中的路径。例如，在 Windows 上，路径可能是 "C:\\Users\\YourUsername\\Desktop"；在 macOS 上，路径可能类似于 "/Users/YourUsername/Desktop"。

最后，让我们将这个文件进行保存在相应文件夹。需要注意的是，由于这是个 Python 文件，因此该文件的名称须以 .py 结尾。本案例就使用了 AI 回答中的 file_organizer.py。

3. 运行文件分类器脚本

为了顺利运行文件分类器脚本，接下来我们需要执行一些操作。我们要定位到存储脚本的文件夹，然后运行脚本。以下是具体操作步骤。

（1）导航到保存 file_organizer.py 文件的位置。可以使用 cd 命令更改当前目录，例如 "cd desktop/ 秒懂 AI/ 第 3 章 /3.1"，如图 3-2 所示。

```
[(base) caiyiwen@cyw-mbp16 ~ % cd desktop/秒懂 AI/第 3 章 /3.1
(base) caiyiwen@cyw-mbp16 3.1 %
```

图 3-2　文件导航示意

（2）输入以下命令运行脚本，然后按回车键。

```Bash
python file_organizer.py
```

运行成功啦！让我们来看一下效果。

整理前的桌面如图 3-3 所示。

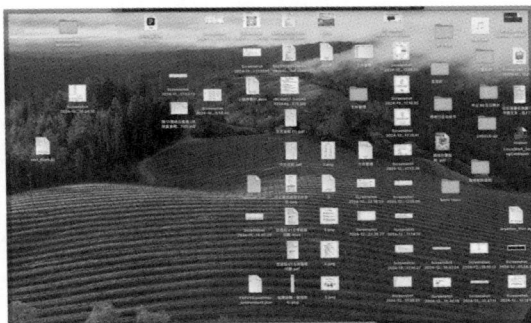

图 3-3　程序运行前桌面示意

整理后的桌面如图 3-4 所示。

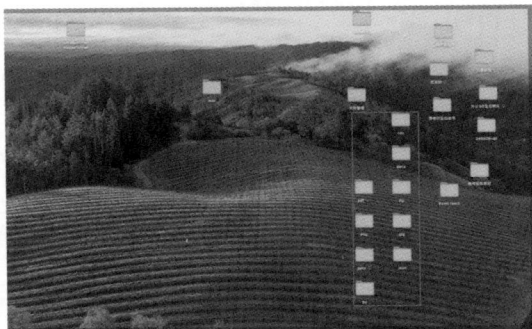

图 3-4　程序运行后桌面示意

所有散落的文件都根据后缀分类进行了文件归纳整理。这个脚本是可以复用的，也就是说你无须每次有新文件的时候，特意将其放入对应的文件夹，你只需要在想要整理桌面的时候运行一下即可。是不是非常方便？

3.2　资料管理不再烦恼：用 AI 编程自动抓取网络文档，轻松收集资料

在信息爆炸的时代，我们获取资料的方式越来越多。但是如何高效筛选、整理、存储有价值的资料，依然是个挑战。如果每天花费大量时间搜索和整理资料，效率低不说，还可能遗漏重要信息。

有没有更聪明的办法？当然有！接下来，我们将探索如何利用 AI 编程，实现自动化抓取网络文档，让收集资料变得更加高效、省心。

3.2.1　AI 编程巧助力，自动抓取提效率

在数字化时代，获取和管理最新资料成了学习、工作和兴趣拓展的关键。互联网上有海量资料，包括在线课程、电子书、论文、行业报告等。但手动搜索和整理这些信息，简直像用勺子舀干一湖水，效率低到让人抓狂。

别担心，AI 编程来救场了！它就像个"资料管理魔法师"，能帮你轻松搞定抓取、分类和存储任务。以下是它的几大优势。

（1）**效率翻倍**：自动化脚本几分钟就能完成手动几小时甚至几天的工作。

（2）**精准无误**：编程逻辑严谨，避免人为错误，资料库永远是最新的。

（3）**灵活全能**：可以根据需求定制脚本，适用于教育、科研、商业等各种场景。

以市场专员小李为例，他用 Python 写了个脚本，自动抓取行业报告、文章等资料，还能实时更新。以前他得花大量时间手动搜索，现在只需坐等整理好的资料送到眼前。这不仅让他工作效率飙升，还能腾出时间专注更重要的事。

3.2.2 案例：自动抓取网络文档

本案例讲的是如何通过 AI 编程自动抓取网络文档，具体流程如图 3–5 所示。

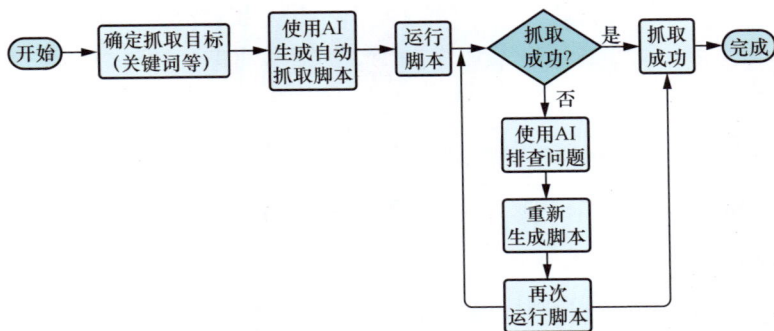

图 3–5 流程示意

接下来让我们来看看具体需要如何操作。

1. 梳理你要向 AI 提问的问题

现在，把你的需求告诉 AI。可以尝试先用你的背景问题、目标需求、现状与挑战，还有 AI 对应回答的具体要求来结构化梳理你的思路，并向 AI 提问。

（1）**背景问题。**

● 作为一名刚入职的市场专员，我每天需要大量阅读【新闻和行业报告】，以跟进市场动态。

● 面对海量的信息源，【手动搜索和整理资料】不仅【耗时】，还容易【遗漏关键信息】。

（2）**目标需求。**

● 我希望通过【AI 编程】，构建一个【自动抓取工具】，通过预设的【关键词】从指定网站【自动抓取相关文章和报告】。

● 由于我没有编程基础，希望能得到【简化的步骤指导】，让我能【通过 Python 脚本实现自动抓取功能】。

（3）**现状与挑战。**

● 我每天需要在【多个网站上手动查找和整理资料】，既【低效】，又【无法完全满足我对特定行业信息的需求】。

● 尽管市面上有一些新闻应用和订阅服务，但它们仍无法提供我需要的【定制化信息】。

（4）**具体要求。**

请用【1、2、3 步骤】形式，【简明清晰】地告诉我如何通过 Python 脚本【自动抓取网络文档】，并通过【关键词筛选】获取相关内容。

2. 执行 AI 中回答的步骤

让我们按照 AI 的回答来试试看吧。

（1）**安装必要的软件和库。**

安装 Python：这一步我们就跳过吧，有需要的读者可以翻看前面的章节。

安装必要的库：打开命令提示符（Windows）或终端（macOS/Linux），然后运行以下命令来安装所需的 Python 库。

```Bash
pip install requests beautifulsoup4 pandas openpyxl
```

由于我已预先安装了相关的库，所以此处直接显示的是相关库的版本，如图 3-6 所示。

图 3-6　程序结果示意

（2）创建 Python 脚本。

首先，打开文本编辑器（例如记事本），然后复制并粘贴 AI 提供的 Python 代码。这段代码将会根据预设的关键词从指定网站抓取相关的文章和报告。

```Python
import requests
from bs4 import BeautifulSoup
import pandas as pd
from urllib.parse import urlencode, urljoin

BASE_URL = "https:                           "
```

```python
KEYWORDS = ["市场动态", "行业报告"]

def fetch_articles(keyword):
    url = f"{BASE_URL}?{urlencode({'tn': 'news', 'word':
keyword})}"
    response = requests.get(url)
    soup = BeautifulSoup(response.text, 'html.parser')
    return [
        {
            '标题': item.select_one('a.c-title').
get_text(strip=True),
            '链接': urljoin(BASE_URL, item.select_one('a.
c-title')['href']),
            '摘要': item.select_one('p.c-summary').
get_text(strip=True) if item.select_one('p.c-summary')
else 'N/A'
        }
        for item in soup.select('li.c-single-item')
    ]

all_articles = [article for kw in KEYWORDS for article in
fetch_articles(kw)]
pd.DataFrame(all_articles).to_excel("output.xlsx",
index=False)
if all_articles else print("未找到相关文章。")
```

其次，根据你想要抓取的具体网站，修改 base_url 和选择器部分。例如，如果你想抓取百度新闻，请保持当前设置；如果目标是其他网站，请查阅该网站的 HTML 结构并相应调整选择器。

最后，将代码保存至 fetch_articles.py 文件。

3. 运行文档抓取脚本

为了顺利运行文档抓取脚本，接下来需要执行以下步骤。我们要定位到存储脚本的文件夹，然后运行文档抓取脚本。以下是具体操作步骤。

（1）**打开命令提示符或终端，导航到你保存 fetch_articles.py 文件的位置。**可以使用 cd 命令更改当前目录，例如 "cd desktop/ 秒懂 AI/ 第 3 章 /3.2"，如图 3-7 所示。

```
[(base) caiyiwen@cyw-mbp16 ~ % cd desktop/秒懂AI/第 3 章 /3.2
(base) caiyiwen@cyw-mbp16 3.2 %
```

图 3-7　文件导航示意

（2）**输入以下命令运行脚本。**

```Bash
python fetch_articles.py
```

脚本执行后，你应该会在指定位置找到一个新的 Excel 文件，其中包含抓取的文档信息，如图 3-8 所示。

```
• (base) caiyiwen@cyw-mbp16 3.2 % python fetch_articles.py
  Fetching articles for keyword: 科技股
  Fetching articles for keyword: A股
  Results saved to /Users/caiyiwen/Desktop/秒懂AI/第 3 章 /3.2/新闻抓取.xlsx
○ (base) caiyiwen@cyw-mbp16 3.2 %
```

图 3-8　程序运行结果示意

运行成功啦！程序运行结果如图 3-9 所示。

图 3-9　程序运行成功示意

注意事项主要有以下两点。

● 在首次运行之前，请备份你的 Excel 文件，以防有用的数据被覆盖。

● 确保你有权从目标网站抓取数据，并遵守其服务条款和版权规定。某些网站可能不允许未经许可的数据抓取活动。

3.3 快速掌握核心内容：用 AI 编程自动提炼文章摘要与关键词

在信息量日益增多的今天，如何快速掌握文章的核心内容成为许多人的迫切需求。幸运的是，AI 技术的进步为人们提供了一种高效的解决方案——自动提炼文章摘要与关键词。接下来，我们将深入探讨 AI 编程在这一领域的应用，并介绍如何在实际场景中利用 AI 编程工具提升效率。

3.3.1 AI 助力多领域：三大场景中的智能跃升

在工作和学习中，AI 编程自动提炼文章摘要正成为提升效率的"神器"。无论是教师评审论文、学生备考，还是企业分析市场动态，AI 编程都能大显身手。以下是它在三大场景中的妙用。

（1）教师的论文评审。

教师们每学期要评审大量论文，内容复杂、耗时费力。利用 AI 编程可以快速提取论文的核心论点、研究方法和结论，生成精炼摘要，让人一目了然。另外，AI 编程还能用清晰的结构展示关键数据，教师们只需要花费较短时间来浏览，就能完成评审，避免信息过载。

（2）学生的学习助手。

学生在备考或写报告时，常常面对海量信息的困扰，不知如何取舍。

利用 AI 编程能高效地整理资料，精准提炼重点，从而让学生的学习更轻松。比如，利用 AI 编程可以从几十页的教材中提取核心概念、列出关键公式，甚至自动归纳知识点，帮助学生快速理解难点。对于临时抱佛脚的同学来说，这相当于多了一位高质量的私人导师，使得复习时间大幅缩短，学习效果翻倍！

（3）运营者的实时热点分析。

市场变化瞬息万变，品牌管理者需要时刻关注市场发展趋势，快速调整策略。AI 编程可以实时分析社交媒体、行业报告和用户反馈，提供数据驱动的决策支持。比如，AI 编程能自动监测热门话题、分析竞品动态，甚至预测消费趋势，帮助企业迅速调整营销方向，抢占市场先机。

即使不懂编程，也能用 AI 编程轻松搞定复杂任务，借助 Python 脚本或在线服务读取文本、生成摘要、提取关键词，让你快速抓住文章核心。效率高了，错误少了，工作也更智能了。

3.3.2 案例：自动提炼学习资料的核心内容

本案例讲的是如何通过 AI 编程自动提炼学习资料的核心内容，具体流程如图 3-10 所示。

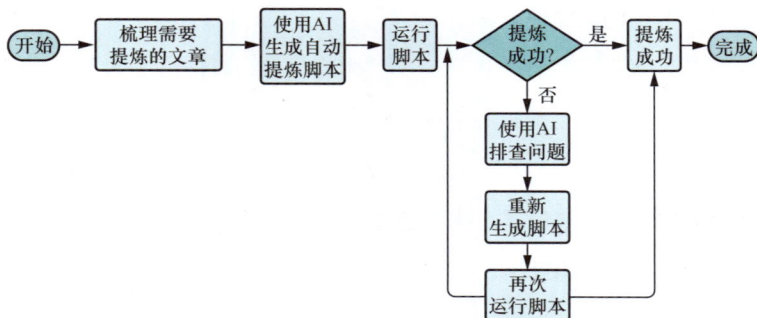

图 3-10 流程示意

让我们假设一个场景：一名学生面对海量学习资料，手动整理关键内容既耗时又容易漏重点，尤其是备考时，学习效率非常关键，传统笔记和搜索工具根本不够用。

这时，AI 编程登场了！它可以帮助学生快速提炼资料的核心要点和关键词，让复习和写作更有针对性。即使学生不懂编程，也能用 AI 编程轻松完成任务，精准提炼关键信息。

通过 AI 编程的帮助，学生能迅速定位文献的重点，高效整理笔记，为考试和报告做好准备。使学生节省了整理资料的时间、提升了成绩，告别熬夜复习的苦日子！

1. 梳理你要向 AI 提问的问题

现在，把你的需求告诉 AI。可以尝试先用你的背景问题、目标需求、现状与挑战，还有 AI 对应回答的具体要求来结构化梳理你的思路，并向 AI 提问。

（1）背景问题。

● 作为一名学生，我每天需要处理大量的【学习资料和研究文献】，尤其在准备考试或写报告时，常常感到信息量过大，难以高效整理。

● 手动查找和整理关键内容【耗时费力】，容易【遗漏重要信息】，特别在备考期间，时间紧迫，学习效率非常关键。

（2）目标需求。

● 我希望有一种【高效且智能的方法】，能够【快速提炼学习资料中的核心要点和关键词】，帮助我在短时间内掌握大量信息。

● 这种方法能让我的复习和写作更有【针对性】，提高效率。

（3）现状与挑战。

● 目前，我依赖【传统笔记方法】或简单的搜索工具来整理资料，但这些方法【效率低下】，难以应对信息过载的问题。

- 手动筛选信息【耗时】，容易【遗漏关键内容】，影响学习效果。此外，传统方法缺乏灵活性，难以满足不同学习材料和个性化需求

（4）具体要求。

请用【1、2、3 步骤】形式，【简明清晰】地告诉我如何【实现自动提炼资料中的核心要点和关键词】，即使我没有编程基础。

2. 执行 AI 回答中的步骤

让我们按照 AI 的回答来试试看吧。

（1）安装必要的软件和库。

安装 Python：这一步我们就跳过吧，有需要的读者可以翻看前面的章节。

安装必要的库：打开命令提示符（Windows）或终端（macOS/Linux），然后运行以下命令来安装所需的 Python 库。

```
Bash
pip install nltk spacy pytextrank pandas openpyxl
python -m spacy download zh_core_web_sm
python -m spacy download en_core_web_sm
```

程序运行结果如图 3-11 和图 3-12 所示。

```
Requirement already satisfied: markdown-it-py>=2.2.0 in /opt/anaconda3/lib/python3.12/site-packages (from rich>
=10.11.0->typer<1.0.0,>=0.3.0->spacy) (3.0.0)
Requirement already satisfied: wrapt in /opt/anaconda3/lib/python3.12/site-packages (from smart-open<8.0.0,>=5.
2.1->weasel<0.5.0,>=0.1.0->spacy) (1.17.0)
Requirement already satisfied: mdurl~=0.1 in /opt/anaconda3/lib/python3.12/site-packages (from markdown-it-py>=
2.2.0->rich>=10.11.0->typer<1.0.0,>=0.3.0->spacy) (0.1.2)

[notice] A new release of pip is available: 24.3.1 -> 25.0.1
[notice] To update, run: pip install --upgrade pip
Collecting zh-core-web-sm==3.8.0
  Downloading https://github.com/explosion/spacy-models/releases/download/zh_core_web_sm-3.8.0/zh_core_web_sm-3
.8.0-py3-none-any.whl (48.5 MB)
     ━━━━━━━━━━━━━━━━━━━━━━━━━━━━━━━━━━━━━━━━ 48.5/48.5 MB 3.3 MB/s eta 0:00:00
Requirement already satisfied: spacy-pkuseg<2.0.0,>=1.0.0 in /opt/anaconda3/lib/python3.12/site-packages (from
zh-core-web-sm==3.8.0) (1.0.0)
Requirement already satisfied: numpy<3.0.0,>=2.0.0 in /opt/anaconda3/lib/python3.12/site-packages (from spacy-p
kuseg<2.0.0,>=1.0.0->zh-core-web-sm==3.8.0) (2.0.2)
Requirement already satisfied: srsly<3.0.0,>=2.3.0 in /opt/anaconda3/lib/python3.12/site-packages (from spacy-p
kuseg<2.0.0,>=1.0.0->zh-core-web-sm==3.8.0) (2.5.0)
Requirement already satisfied: catalogue<2.1.0,>=2.0.3 in /opt/anaconda3/lib/python3.12/site-packages (from srs
ly<3.0.0,>=2.3.0->spacy-pkuseg<2.0.0,>=1.0.0->zh-core-web-sm==3.8.0) (2.0.10)

[notice] A new release of pip is available: 24.3.1 -> 25.0.1
[notice] To update, run: pip install --upgrade pip
✓ Download and installation successful
You can now load the package via spacy.load('zh_core_web_sm')
Collecting en-core-web-sm==3.8.0
  Downloading https://github.com/explosion/spacy-models/releases/download/en_core_web_sm-3.8.0/en_core_web_sm-3
.8.0-py3-none-any.whl (12.8 MB)
     ━━━━━━━━━━━━━━━━━━━━━━━━━━━━━━━━━━━━━━━━ 12.8/12.8 MB 4.1 MB/s eta 0:00:00

[notice] A new release of pip is available: 24.3.1 -> 25.0.1
[notice] To update, run: pip install --upgrade pip
✓ Download and installation successful
You can now load the package via spacy.load('en_core_web_sm')
(base) caiyiwen@cyw-mbp16 3.3 % []
```

图 3-11　程序结果示意（1）

图 3-12　程序结果示意（2）

（2）创建 Python 脚本。

打开文本编辑器（例如记事本），然后复制并粘贴下面提供的
Python 代码。这段代码将会读取学习资料，提取其中的核心内容，并生
成关键词和摘要。

```Python
import spacy
from spacy import displacy
from collections import Counter
import en_core_web_sm  # 处理英文文本
# import zh_core_web_sm  # 处理中文文本（如适用）
from pytextrank import TextRank
import pandas as pd

def extract_keywords_and_summary(text, lang='en'):
    """
    提取文本的关键词和摘要。

    参数：
    text (str)：要处理的文本
    lang (str)：语言（'en' 表示英文，'zh' 表示中文）

    返回：
    tuple[list, str]：关键词列表和摘要字符串
    """
```

```
    # 选择合适的 NLP 语言模型
    if lang == 'en':
        nlp = en_core_web_sm.load()
    else:
        raise ValueError("当前仅支持英文（'en'），如需支持中文，
请解开 zh_core_web_sm 的导入注释。")

    # 添加 TextRank 组件进行关键词提取
    tr = TextRank()
    nlp.add_pipe(tr.PipelineComponent, name="textrank",
last=True)

    # 处理文本
    doc = nlp(text)

    # 提取前 5 个关键词
    keywords = [phrase.text for phrase in
doc._.phrases[:5]]

    # 生成摘要（限制 3 句话）
    summary = " ".join([sent.text for sent in
doc._.textrank.summary(limit_sentences=3)])

    return keywords, summary

# 读取文本文件（请替换为你的实际路径）
file_path = "C:\\Users\\YourUsername\\Documents\\study_
material.txt"
try:
    with open(file_path, "r", encoding="utf-8") as file:
        text = file.read()

    # 提取关键词和摘要
    keywords, summary = extract_keywords_and_summary(text,
lang='en')  # 选择 'zh' 处理中文

    # 输出结果
    print("关键词:", keywords)
```

```
    print(" 摘要 :", summary)

    # 保存结果到 Excel
    output_path = "C:\\Users\\YourUsername\\Documents
\\extracted_info.xlsx"
    df = pd.DataFrame({' 关键词 ': keywords, ' 摘要 ':
[summary]})
    df.to_excel(output_path, index=False)
    print(f" 结果已保存至 {output_path}")

except FileNotFoundError:
    print(f" 错误 : 未找到文件 {file_path}")
except Exception as e:
    print(f" 处理过程中发生错误 : {e}")
```

将代码保存在相应文件夹。"/Users/YourUsername/Documents/extracted_
info.xlsx"是示例路径，请将其替换为你自己的文件路径。

将此文件保存为 extract_info.py。确保文件名以 .py 结尾，表示这是
一个 Python 脚本文件。

3. 运行自动提炼文章摘要与关键词脚本

为了顺利运行自动提炼文章摘要与关键词脚本，接下来需要执行一
些步骤。我们要定位到存储脚本的文件夹，然后运行该脚本。以下是具
体操作步骤。

（1）**打开命令提示符或终端**，导航到保存 extract_info.py 文件的
位置，如图 3-13 所示。可以使用 cd 命令更改当前目录，例如 "cd
Desktop/ 秒懂 AI/ 第 3 章 /3.3"。

```
Bash
cd Desktop/ 秒懂 AI/ 第 3 章 /3.3
```

```
[(base) caiyiwen@cyw-mbp16 ~ % cd desktop/秒懂AI/第 3 章 /3.3
(base) caiyiwen@cyw-mbp16 3.3 %
```

图 3-13　文件导航示意

（2）输入以下命令运行脚本。

```Bash
python extract_info.py
```

脚本执行后，你创建的 Execl 文件中就应该包含文章的摘要了，结果如图 3-14 所示。

```
(base) caiyiwen@cyw-mbp16 3.3 % python extract_info.py
关键词：['语言', '分析', '技术', 'NLP', '领域']
摘要：自然语言处理概述
自然语言处理（Natural Language Processing, NLP）是计算机科学领域与人工智能领域中的一个重要方向，它研究的是如何
让计算机理解、解释和生成人类的自然语言。NLP的目标是搭建人与计算机之间有效沟通的桥梁，使计算机能够像人类一样处
理语言信息。
关键概念
词法分析（Lexical Analysis）：这是NLP的第一步，涉及将文本分割成单词或标记（tokens），并识别每个单词的词性（如名
词、动词等）。例如，"猫在椅子上睡觉"可以被分割为"猫/名词"，"在/介词"，"椅子/名词"，"上/方位词"，"睡觉/动词"。
结果已保存至 /Users/caiyiwen/Desktop/秒懂AI/第 3 章 /3.3/自然语言处理概述.xlsx
(base) caiyiwen@cyw-mbp16 3.3 % ▮
```

图 3-14　程序运行成功示意

3.4　信息获取不再手动：用 AI 编程自动抓取学习资源

AI 技术通过自动化脚本，能够快速抓取资料，并对其进行分类，让我们节省大量时间，可以将精力集中在更重要的任务上。

3.4.1　AI 领航知识海，自动抓取效率佳

在数字化时代，信息像洪水一样涌来，从在线课程、电子书、科研论文到行业报告，资源多到让人眼花缭乱。但问题是，手动搜索和整理这些资料，简直就像是用筷子夹沙子——费劲还容易漏。尤其是学生写论文或职场人做研究时，需要在知网、万方、慕课等平台来回切换，累得够呛。

用 AI 编程能自动抓取、分类和存储资料，效率直接起飞。以下是它在资料管理中的几大亮点。

（1）**一键搞定海量资料**：几分钟就能从多个网站抓取几十篇论文或报告，省下的时间够你喝三杯咖啡了。

（2）**精准分类不手滑**：可以根据文件内容智能分类，确保每个文件都去了该去的地方，再也不用担心把老板的 PPT 误删了！

（3）**定制化抓取规则**：无论是学生抓论文，还是市场人盯竞争对手，都能根据自己的需求定制工具，想抓取啥就抓取啥。

（4）**实时更新，不落伍**：设置定时任务，自动检查新资料并更新，保证你的资料库永远是最新的。

（5）**团队共享，超方便**：帮助团队集中管理资源，避免重复劳动，提升整体效率。

举个例子，小李是个市场专员，他用 AI 编程抓取行业报告和竞争对手的动态。以前小李需要花几小时手动搜索资料，现在只需坐等，整理好的资料就会送到眼前，效率直接拉满。

那么，**如何用 AI 编程搞定资料管理**呢？即使你完全不懂编程，也能轻松上手！操作步骤如下。

（1）**明确目标**：先想清楚你要抓取哪些资料。比如，你是想找论文、行业报告，还是视频教程？确定目标后，就知道该从哪些网站下手了。

（2）**设置规则**：告诉 AI 你要抓取什么内容。比如，你可以设置让它只抓取标题包含"市场分析"的文章，或者只下载 PDF 格式的文件。AI 会根据你的需求生成相应的代码。

（3）**开始抓取**：运行 AI 生成的代码自动抓取网站上的资料。

（4）**整理和存储**：抓取资料完成后，利用 AI 编程把资料分类保存到你指定的文件夹或云盘里。你可以根据需要进一步整理资料，比如按日期或主题分类。

在使用 AI 编程抓取资料时，我们需要注意以下事项，来确保抓取资料过程合规、安全和高效。

（1）**别乱抓**：遵守网站规则，不要抓取受版权保护的内容。

（2）**控制频率**：抓取资料不能太频繁，否则可能会被网站封禁。

（3）**保护隐私**：如果抓取的内容涉及个人信息，一定要妥善保管。

（4）**持续优化**：根据实际使用情况，调整抓取规则，让 AI 编程工具越来越顺手。

3.4.2 案例：自动抓取学习资源

本案例讲的是如何通过 AI 编程自动抓取学习资源，具体流程如图 3-15 所示。

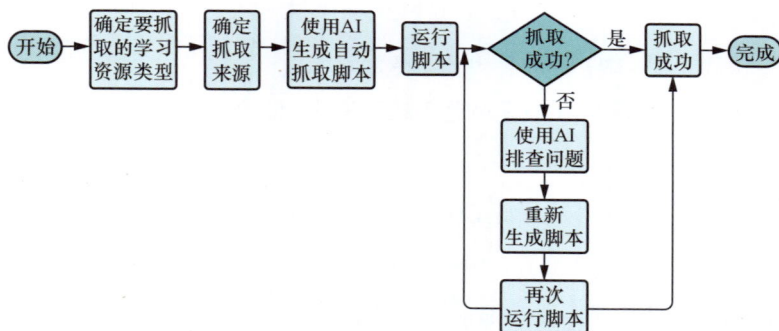

图 3-15 流程示意

接下来让我们来看看具体需要如何操作。

1. 梳理你要向 AI 提问的问题

现在，把你的需求告诉 AI。可以尝试先用你的背景问题、目标需求、现状与挑战，还有 AI 对应回答的具体要求来结构化梳理你的思路，并向 AI 提问。

（1）背景问题。

● 在信息爆炸的时代，尤其是对于【在校学生和初入职场的人】，面对【海量且不断更新的学习资源】，如何【高效获取并管理最新资料】成为一大挑战。

● 目前，我依赖【传统的手动搜索、下载和整理】方法来收集资料，这不仅【低效耗时】，还容易【遗漏关键内容】，尤其在准备【毕业论文】或进行【课题研究】时，频繁访问【学术数据库】和【在线教育平台】，增加了信息收集的复杂性。

（2）目标需求。

● 我希望能够【自动抓取学习资料】，并【按照预设规则进行筛选和排序】，确保我能获得【最相关的信息】。

● 这种方法应该【高效】，能大大减少手动操作的时间，让我能够专注于【资料的分析和应用】。

（3）现状与挑战。

● 目前，我需要频繁访问【知网（CNKI）、万方数据、维普资讯等学术数据库】，和【慕课（MOOC）、学堂在线、腾讯课堂等在线教育平台】，进行信息收集和整理。

● 这种【手动收集和整理资料】的方法不仅低效，还容易漏掉一些关键内容，影响我的【学习和研究进度】。

（4）具体要求。

我不懂编程。请用【1、2、3 步骤】形式，【简明清晰】地指导我如何通过 Python 脚本实现自动抓取学习资源，并按规则筛选和整理资料。

2. 执行 AI 回答创建 Python 脚本

让我们按照 AI 的回答来试试看吧。

（1）安装必要的软件和库。

安装 Python：这一步我们就跳过吧，有需要的读者可以翻看前面的章节。

安装必要的库：打开命令提示符（Windows）或终端（macOS/Linux），然后运行以下命令来安装所需的 Python 库。

```Bash
pip install requests beautifulsoup4 lxml
```

由于笔者已预先安装过这些库，因此此处就直接显示版本了，如图 3-16 所示。

```
(base) caiyiwen@cyw-mbp16 ~ % pip install requests beautifulsoup4 lxml
Requirement already satisfied: requests in /opt/anaconda3/lib/python3.12/site-packages (2.32.3)
Requirement already satisfied: beautifulsoup4 in /opt/anaconda3/lib/python3.12/site-packages (4.12.3)
Requirement already satisfied: lxml in /opt/anaconda3/lib/python3.12/site-packages (5.3.0)
Requirement already satisfied: charset-normalizer<4,>=2 in /opt/anaconda3/lib/python3.12/site-packages (from re
quests) (3.4.0)
Requirement already satisfied: idna<4,>=2.5 in /opt/anaconda3/lib/python3.12/site-packages (from requests) (3.1
0)
Requirement already satisfied: urllib3<3,>=1.21.1 in /opt/anaconda3/lib/python3.12/site-packages (from requests
) (2.3.0)
Requirement already satisfied: certifi>=2017.4.17 in /opt/anaconda3/lib/python3.12/site-packages (from requests
) (2025.1.31)
Requirement already satisfied: soupsieve>1.2 in /opt/anaconda3/lib/python3.12/site-packages (from beautifulsoup
4) (2.6)

[notice] A new release of pip is available: 24.3.1 -> 25.0.1
[notice] To update, run: pip install --upgrade pip
(base) caiyiwen@cyw-mbp16 ~ %
```

图 3-16 程序结果示意

（2）创建 Python 脚本。

打开文本编辑器（如记事本），然后复制并粘贴下面提供的 Python 代码。这段代码展示了如何从网页上抓取标题和链接。

```Python
import requests
from bs4 import BeautifulSoup

def fetch_resources(url):
```

```python
    """
    从指定 URL 获取所有超链接资源。

    参数：
    url (str)：目标网页 URL

    返回：
    list[dict]：资源列表，每个资源包含标题和 URL
    """
    try:
        # 发送 HTTP 请求
        response = requests.get(url, timeout=10)
        response.raise_for_status()    # 检查 HTTP 请求是否成功
        print("✔ HTTP 请求成功 ")

        # 打印部分 HTML 内容（调试用）
        print("🔍 HTML 内容（前 500 个字符）：")
        print(response.text[:500])

        # 解析 HTML
        soup = BeautifulSoup(response.text, 'lxml')

        # 提取所有 <a> 标签的超链接
        resources = []
        for link in soup.find_all('a', href=True):
            title = link.get_text(strip=True) or " 无标题 "
            href = link['href']
            resources.append({'title': title, 'url':
href})

        return resources

    except requests.exceptions.RequestException as e:
        print(f"✘ 网络请求错误：{e}")
    except Exception as e:
        print(f"⚠ 处理过程中出现错误：{e}")

    return []
```

```
# 使用示例（请替换为实际 URL）
url = "http://example.com"
resources = fetch_resources(url)

# 输出抓取结果
if resources:
    print("\n🔍 找到以下资源:")
    for resource in resources:
        print(f"◆ 标题: {resource['title']}, 链接:
{resource['url']}")
else:
    print("⚠ 未找到任何资源")
```

让我们将代码保存在相应文件夹。

修改 URL：请根据你想要抓取的网页地址替换 "http://example.com"。

保存文件：保存 resource_collector.py 文件。

3. 运行 Python 脚本完成指定网站学习资料抓取

为了顺利运行指定网站学习资料抓取脚本，接下来我们需要执行以下步骤。我们要定位到存储脚本的文件夹，然后运行脚本。以下是具体操作步骤。

（1）打开命令提示符或终端。

导航到保存 resource_collector.py 文件的位置。可以使用 cd 命令更改当前目录，例如 "cd desktop/ 秒懂 AI/ 第 3 章 /3.4"，如图 3-17 所示。

```
[(base) caiyiwen@cyw-mbp16 ~ % cd desktop/秒懂AI/第 3 章 /3.4
(base) caiyiwen@cyw-mbp16 3.4 % 
```

图 3-17 文件导航示意

（2）输入以下命令运行脚本。

```Bash
Bash
python resource_collector.py
```

程序运行成功啦，结果如图 3-18 所示。

```
(base) caiyiwen@cyw-mbp16 3.4 % python resource_collector.py
HTTP请求成功
HTML内容（前 500 个字符）：
<!doctype html>
<html>
  <head>
        <meta charset="utf-8">
    <meta http-equiv="X-UA-Compatible" content="IE=edge">
    <meta name="viewport" content="width=device-width,initial-scale=1,minimum-scale=1,maximum-scale=1,user-scal
able=no" />
    <link rel="shortcut icon" href="/favicon.ico" />
    <title>朱元璋_朱元璋简介_朱元璋的事迹和历史评价_汉朝历史</title>
    <meta name="keywords" content="朱元璋，朱元璋简介，朱元璋的事迹，朱元璋的故事，朱元璋的评价，朱元璋的历史" />
    <meta name="description"  content="大明太祖高皇帝朱元璋（1328年-1398年6月24日），字国瑞
找到以下资源：
Title: None, URL: javascript:void(0)
Title: None, URL: //m.httpcn.com/
Title: None, URL: http://m.life.httpcn.com/huangli/
Title: None, URL: javascript:;
Title: None, URL: javascript:;
Title: None, URL: javascript:;
Title: None, URL: javascript:;
Title: None, URL: //m.httpcn.com/
Title: 历史, URL: //ls.httpcn.com/
Title: 历史人物, URL: //ls.httpcn.com/renwu/
Title: 更多 >, URL: //gx.httpcn.com/zt/skqs/
Title: None, URL: //gx.httpcn.com/book/d1c94637a585422fa478bd656dcea98f/
Title: None, URL: //gx.httpcn.com/book/983f01b961784054b5fa6b7bab751746/
Title: 更多 >, URL: //ls.httpcn.com/renwu/mingchao/
Title: None, URL: //ls.httpcn.com/renwu/chenzuo31.shtml
```

图 3-18　程序运行成功示意

3.5　学习重点一键提取：用 AI 编程自动生成学习内容的要点总结

对于学生来说，互联网虽然让学习资源触手可及，但也带来了"信息过载"的烦恼。手动整理学习笔记，效率低到让人怀疑人生。

别慌，AI 来帮忙了！它就像个"学习小助手"，利用 AI 编程能帮你自动分析、总结资料的核心内容，省去手动整理的麻烦。无论是提取重点、更新资料，还是智能推荐学习内容，AI 编程都能搞定。

3.5.1　未来有 AI，学习更嗨

AI 技术的进步为学习带来了全新的可能性。利用 AI 编程学生们可以轻松地从海量资料中提取出核心要点，节省大量时间和精力。以下是

AI 编程在学习中的几大亮点。

（1）**一键生成要点总结**：只需上传学习资料，自动分析并生成清晰的知识点总结，帮助你快速掌握核心内容。

（2）**智能推荐学习内容**：根据你的学习进度和需求，推荐最相关的学习资料，让你的学习更加高效。

（3）**个性化学习路线规划**：可以根据你的学习习惯和目标，为你定制个性化的学习路线，帮助你更好地规划学习时间。

未来，AI 还会更强大，可应用于语音输入、图像识别、学习路线规划等领域，它不仅是工具，更是你的学习伙伴，帮你找到最适合自己的方法，轻松在知识海洋中遨游。

3.5.2 案例：自动生成学习内容的要点总结

本案例讲的是如何通过 AI 编程自动整理学习资料，具体流程如图 3-19 所示。

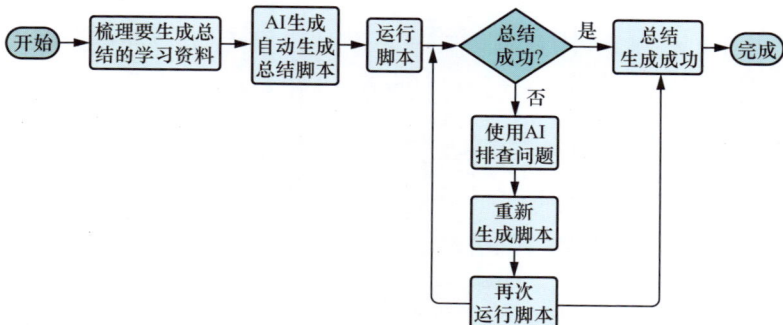

图 3-19　流程示意

接下来让我们来看看具体需要如何操作。

1. 梳理你要向 AI 提问的问题

现在，把你的需求告诉 AI。可以尝试先用你的背景问题、目标需求、现状与挑战，还有 AI 对应回答的具体要求来结构化梳理你的思路，并向 AI 提问。

（1）背景问题。

● 作为学生，我面临着【越来越多学习资料（如 PDF、Word 文件等）】的管理挑战，手动整理不仅【耗时费力】，还容易【漏掉重要的知识点】。

● 目前，大多数学生仍依赖【传统手动整理】方法，效率低下，容易产生【疲劳】和【焦虑】。

（2）目标需求。

● 我希望找到一种【更简单、更高效】的方法来管理学习资料，利用【AI 编程】，帮助我生成【学习内容的要点总结】，从而提高学习效率。

● 这种方法应该能够【自动提炼】学习资料的【核心内容】，节省时间，避免烦琐的整理工作。

（3）现状与挑战。

● 当前的资料整理方式低效，导致我花费大量时间在整理上，而不能专注于【理解和掌握核心内容】。

● 我希望找到一种【智能化】的方法来自动化生成要点总结，以提高学习效果。

（4）具体要求。

我不懂编程。请用【1、2、3 步骤】形式，【简明清晰】地指导我如何通过 Python 脚本实现自动生成学习内容的要点总结。希望步骤尽量

【简单易懂】，便于操作。

2. 执行 AI 回答中的步骤

让我们按照 AI 的回答来试试看吧。

（1）安装必要的软件和库。

安装 Python：这一步我们就跳过吧，有需要的读者可以翻看前面的章节。

安装必要的库：打开命令提示符（Windows）或终端（macOS/Linux），然后运行以下命令来安装所需的 Python 库。

```Python
pip install PyMuPDF transformers torch sentence-
transformers
```

程序结果如图 3-20 所示。

```
Requirement already satisfied: Pillow in /opt/anaconda3/lib/python3.12/site-packages (from sentence-transformer
s) (11.0.0)
Requirement already satisfied: MarkupSafe>=2.0 in /opt/anaconda3/lib/python3.12/site-packages (from jinja2->tor
ch) (3.0.2)
Requirement already satisfied: charset-normalizer<4,>=2 in /opt/anaconda3/lib/python3.12/site-packages (from re
quests->transformers) (3.4.0)
Requirement already satisfied: idna<4,>=2.5 in /opt/anaconda3/lib/python3.12/site-packages (from requests->tran
sformers) (3.10)
Requirement already satisfied: urllib3<3,>=1.21.1 in /opt/anaconda3/lib/python3.12/site-packages (from requests
->transformers) (2.3.0)
Requirement already satisfied: certifi>=2017.4.17 in /opt/anaconda3/lib/python3.12/site-packages (from requests
->transformers) (2025.1.31)
Requirement already satisfied: joblib>=1.2.0 in /opt/anaconda3/lib/python3.12/site-packages (from scikit-learn-
>sentence-transformers) (1.4.2)
Requirement already satisfied: threadpoolctl>=3.1.0 in /opt/anaconda3/lib/python3.12/site-packages (from scikit
-learn->sentence-transformers) (3.5.0)

[notice] A new release of pip is available: 24.3.1 -> 25.0.1
[notice] To update, run: pip install --upgrade pip
(base) caiyiwen@cyw-mbp16 3.4 %
```

图 3-20　程序结果示意

（2）创建 Python 脚本。

打开文本编辑器（例如记事本），然后复制并粘贴下面提供的 Python 代码。

```Python
import fitz  # PyMuPDF
from transformers import pipeline
```

```python
# 从 PDF 文件中提取文本
def extract_text_from_pdf(pdf_path):
    doc = fitz.open(pdf_path)
    text = "\n".join(page.get_text() for page in doc)
    return text

# 按块拆分文本（避免超出模型限制）
def split_text_into_chunks(text, chunk_size=500):
    words = text.split()
    return [' '.join(words[i:i + chunk_size]) for i in
range(0, len(words), chunk_size)]

# 使用预训练模型进行摘要
def summarize_text(text):
    summarizer = pipeline("summarization",
model="facebook/bart-large-cnn")
    chunks = split_text_into_chunks(text)

    summaries = []
    for chunk in chunks:
        summary = summarizer(chunk, max_length=150,
min_length=50, do_sample=False)[0]['summary_text']
        summaries.append(summary)

    return " ".join(summaries)

if __name__ == "__main__":
    pdf_file = "path_to_your_pdf.pdf"  # 替换为你的 PDF 文件路径
    extracted_text = extract_text_from_pdf(pdf_file)

    print("🔍 Extracted Text（前 500 个字符）:\n",
extracted_text[:500])   # 打印前 500 个字符检查提取效果

    summary = summarize_text(extracted_text)
    print("\n📄 Summary:\n", summary)
```

请根据实际情况更改 pdf_file 变量中的路径，指向你想要处理的

PDF 文件。让 AI 生成一份可作为案例的文案，来运行这个 Python 脚本。

3. 运行自动生成学习内容的要点总结脚本

为了顺利运行自动生成学习内容的要点总结脚本，接下来我们需要执行一些步骤。我们要定位到存储脚本的文件夹，然后运行该脚本。以下是具体操作步骤。

（1）**打开命令提示符或终端**，导航到保存 summarize_learning_materials.py 文件的位置。可以使用 cd 命令更改当前目录，例如 "cd desktop/ 秒懂 AI/ 第 3 章 /3.5"，如图 3–21 所示。

```
[(base) caiyiwen@cyw-mbp16 ~ % cd desktop/秒懂AI/第 3 章 /3.5
(base) caiyiwen@cyw-mbp16 3.5 %
```

图 3–21　文件导航示意

（2）输入以下命令运行脚本。

```Bash
Bash
python summarize_learning_materials.py
```

运行成功啦！Summary 中就是对案例内容的要点总结，如图 3–22 所示。

```
[(base) caiyiwen@cyw-mbp16 3.5 % python summarize_learning_materials.py
Extracted Text (前500字符):
  3.5案例
自然语言处理（Natural Language Processing, NLP）是计算机科学领域与人工智能领域中的一个重
要方向，它研究的是如何让计算机理解、解释和生成人类的自然语言。
词法分析（Lexical Analysis）：这是NLP的第一步，涉及将文本分割成单词或标记（tokens），并识
别每个单词的词性（如名词、动词等）。例如，"猫在椅子上睡觉"可以被分割为"猫/名词"，"在/
介词"，"椅子/名词"，"上/方位词"，"睡觉/动词"。
句法分析（Syntactic Parsing）：在此步骤中，NLP系统会尝试理解句子的结构，即各个词汇是如何组
合在一起形成语法正确的句子。这通常涉及到构建解析树（parse tree），以展示句子成分之间的关
系。
语义分析（Semantic Analysis）：语义分析旨在捕捉句子的真实含义。它超越了简单的词语和句子结
构，试图理解整个表达的意义。例如，"我喜欢读书"不仅意味着某人喜欢这个动作本身，还可能暗
示该人对知识的兴趣或者一种生活习惯。
情感分析（Sentiment Analysis）：这是一种特殊的语义分析形
No model was supplied, defaulted to sshleifer/distilbart-cnn-12-6 and revision a4f8f3e (https://huggingface.co/
sshleifer/distilbart-cnn-12-6).
Using a pipeline without specifying a model name and revision in production is not recommended.
Device set to use mps:0

Summary:
 Natural Language Processing, NLP, is a form of analysis of language language . NLP is an approach to natural
language processing that involves parsing language . The language is then used to build a model of language the
ory . The model is then applied to the language of the model .
(base) caiyiwen@cyw-mbp16 3.5 %
```

图 3–22　程序运行成功示意

　　有了 AI 的帮助，我们的资料管理变得高效、有序。但学习不仅是整理信息，更重要的是高效吸收和运用这些知识。下一章，我们将利用 AI 编程提升学习效率，自动生成知识卡片、练习听力口语，甚至个性化订阅新闻，让学习变得轻松又有趣！

第 4 章

AI 编程加速学习，轻松变身学霸

不仅是工作，学习、日常生活中的各种任务也能通过 AI 编程来提升效率。在这一章，我们将探索如何用 AI 编程提升你的学习效率，帮助你轻松应对各种挑战。

4.1　告别死记硬背：用 Python 脚本自动生成知识卡片

在学习的道路上，"死记硬背"曾是许多人不得不面对的"必修课"。然而，随着 AI 技术的飞速发展，学习方式正在发生翻天覆地的变化。现在，借助 AI 的力量，我们可以告别枯燥的死记硬背，拥抱更高效、更有趣的学习方法。

4.1.1　AI 相伴，学海无难：知识卡片助你轻松过关

想象一下，你正在为即将到来的考试而复习，面对厚厚的课本和笔记，是不是觉得有点头大？或者你在准备英语词汇测试，看着长长的单词表，是不是觉得脑子快要爆炸了？其实，很多人都有同样的困扰。

那么，有没有一种更简单、更有趣的方法来帮助我们高效学习呢？答案是肯定的！借助 AI 编程，我们可以轻松生成个性化的知识卡片，让学习变得像玩游戏一样轻松愉快。

以前，我们通常会用手写笔记和电子文档两种传统方式来记忆知识点。

● **手写笔记**：虽然手写笔记有助于加深印象，但找起特定内容来就像是在"大海捞针"，效率低得让人抓狂。

● **电子文档**：用 Word 或 Excel 记录知识点虽然方便保存，但缺乏互动性，复习时总觉得少了点"灵魂"。

这两种传统方法往往存在一些问题，如重复劳动、易出错、格式不统一等。

● **重复劳动**：每次复习都要重新整理资料，简直是在"重复造轮子"。

● **易出错**：手工输入数据时容易拼错单词或漏掉关键信息，简直是

"手残党"的噩梦。

● **格式不统一**：不同时期制作的知识卡片风格各异，看起来像是"拼凑的艺术品"。

● **难以更新**：当加入新的知识点时，修改现有知识卡片简直比登天还难。

这些问题不仅降低了学习效率，还可能让你对学习失去兴趣。为了克服这些挑战，我们需要一种更智能、更自动化的解决方案。

AI 编程让学习变得"聪明又轻松"！自动生成的个性化知识卡片，帮你省去烦琐的手动整理工作。无论是批量处理数据、智能推荐布局，还是实时更新内容，AI 都能轻松搞定。你只需单击几下鼠标，就能获得准确、美观且易于复习的知识卡片，提升学习效率，枯燥的知识点也变得生动有趣！

4.1.2 案例：创建个性化的知识卡片

本案例讲的是如何通过 AI 编程来实现轻松记忆单词，具体流程如图 4-1 所示。

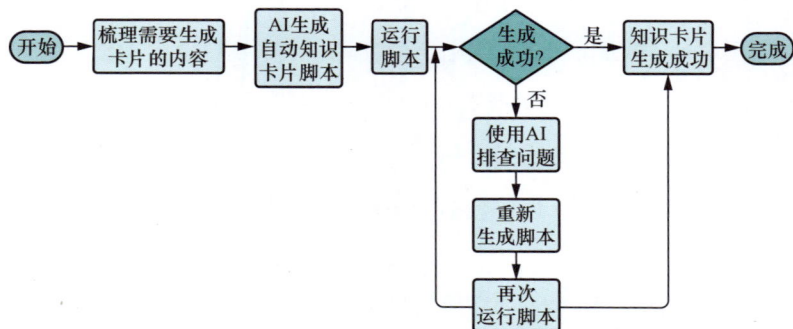

图 4-1　流程示意

为了让你更具体地了解如何利用 AI 编程来简化学习，我们来看一个具体的案例。

假设你是英语专业的学生，或者正在准备托福、雅思等语言类考试，你需要记住大量的新单词。传统的方法不够灵活，而且容易枯燥乏味。现在，借助 Python 脚本和 AI 编程，你可以创建个性化的知识卡片，大大提高学习效率。接下来，我们将按照以下步骤，利用 Python 和 AI 创建知识卡片。

（1）**准备数据**：将需要复习的单词整理成 CSV 文件，每行包括单词、词性和释义。

（2）**编写脚本**：使用 Python 读取 CSV 文件，随机生成问题（如"这个单词的意思是什么？"）和答案卡片。

（3）**导出卡片**：将生成的记忆卡片保存为 PDF 或图片格式，方便打印或在手机上查看。

通过这种方式，你可以随时随地进行单词复习，不仅提高了记忆效果，还增加了学习的乐趣。更重要的是，整个过程简单快捷，几乎不需要任何编程技能，非常适合初学者尝试。

1. 梳理你要向 AI 提问的问题

现在，把你的需求告诉 AI。可以尝试先用你的背景问题、目标需求、现状与挑战，还有 AI 对应回答的具体要求来结构化梳理你的思路，并向 AI 提问。

（1）**背景问题**。

● 很多人在【复习时面对厚厚的课本和笔记】，尤其是准备【英语词汇测试】时，会感到【不知所措】。传统的【死记硬背】方法既【耗时费力】，又容易让人【枯燥乏味】。

● 目前，许多学生仍依赖【手写笔记、电子文档】来学习，但这些方法存在【重复劳动、易出错、格式不统一】等问题，影响了学习效率。

（2）**目标需求。**

● 我希望通过【AI 编程】，找到一种【更简单、更有趣】的方法来帮助我【高效学习】，并减少【死记硬背】的时间和精力。

● 能够【根据个人需求生成个性化的知识卡片】，真正实现【个性化学习】，提高学习效果。

（3）**现状与挑战。**

传统的学习方法效率低，且缺乏足够的【互动性】和【个性化】，影响了我的学习动力和效果。

（4）**具体要求。**

我不懂编程。请用【1、2、3 步骤】形式，【简明清晰】地指导我如何通过 Python 脚本自动生成知识卡片。

2. 执行 AI 回答中的步骤

让我们按照 AI 的回答来试试看吧。

（1）**安装必要的软件和库。**

安装 Python：这一步我们就跳过吧，有需要的读者可以翻看前面的章节。

安装必要的库：打开命令提示符（Windows）或终端（macOS/Linux），然后运行以下命令来安装所需的 Python 库：

```Bash
pip install pandas openpyxl pillow qrcode
```

程序结果示意如图 4-2 所示。

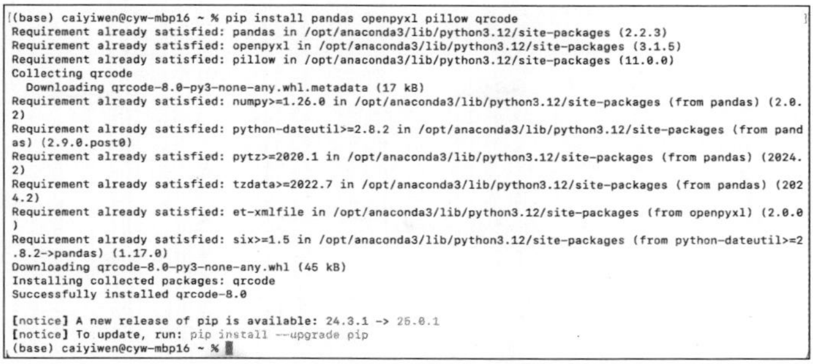

图 4-2　程序结果示意

（2）创建 Python 脚本。

打开文本编辑器（例如记事本），然后复制并粘贴下面提供的
Python 代码。

```Python
import pandas as pd
from PIL import Image, ImageDraw, ImageFont
import qrcode
import requests
from io import BytesIO

# 读取单词表
words_df = pd.read_excel('/path/to/words.xlsx')
# 替换为实际路径
font = ImageFont.truetype('/path/to/font.ttf', 50)
# 替换为实际字体路径

# 获取图片的函数
def fetch_image(word):
    """ 获取相关图片 """
    try:
        return
Image.open(BytesIO(requests.get(f"https:
//source.unsplash.com/300x300/?{word}").content))
    except:
```

```
        return None

# 为每个单词生成卡片
for i, row in words_df.iterrows():
    card = Image.new('RGB', (800, 600), '#f0f0f0')
# 创建新的图片
    draw = ImageDraw.Draw(card)

    # 添加单词、翻译、提示文本
    for text, y in [(f"Word: {row['English']}", 100),
                    (f"Translation: {row['Chinese']}",
200),
                    ("Scan for details", 500)]:
        draw.text((400 - draw.textsize(text, font)[0]
// 2, y), text, 'black', font=font)

    # 添加二维码
    qr = qrcode.make(f"https://dictionary.cambridge.
org/dictionary/english/{row['English']}").resize((200, 200))
    card.paste(qr, (300, 350))  # 把二维码放到图片上

    # 获取相关图片并添加
    image = fetch_image(row['English'])
    if image:
        image = image.resize((300, 300))  # 调整图片大小
        card.paste(image, (250, 50))  # 把图片放到卡片上

    # 保存卡片
    card.save(f'/path/to/save/cards/{row["English"]}_card.
png')  # 替换为实际保存路径
```

让我们将代码保存在相应文件夹。

● 将上述代码保存为 .py 文件（本书保存为 generate_cards.py）。

● 将 words.xlsx 替换为你自己的单词表路径。

3. 运行自动生成知识卡片脚本

为了顺利运行自动生成知识卡片脚本，接下来我们需要执行一些步

骤。我们要定位到存储脚本的文件夹，然后运行脚本。以下是具体操作步骤。

（1）**打开命令提示符或终端**，导航到保存 generate_cards.py 文件的位置。可以使用 cd 命令更改当前目录，例如"cd desktop/ 秒懂 AI/ 第 4 章 /4.1"，如图 4–3 所示。

```
[(base) caiyiwen@cyw-mbp16 ~ % cd desktop/秒懂AI/第 4 章 /4.1
(base) caiyiwen@cyw-mbp16 4.1 %
```

图 4–3　文件导航示意

（2）输入以下命令运行脚本：

```Bash
python generate_cards.py
```

运行成功啦，程序运行成功示意如图 4–4 所示。

```
[(base) caiyiwen@cyw-mbp16 4.1 % python generate_cards.py
(base) caiyiwen@cyw-mbp16 4.1 %
```

图 4–4　程序运行成功示意（1）

让我们来看一下生成出来的单词卡片，如图 4–5 所示。

图 4–5　程序运行成功示意（2）

4.2 写作不再难：用 API 自动生成例句，提升表达语感

无论是撰写学术论文、工作报告还是日常社交分享，许多人都存在词汇匮乏、句子结构复杂、语法错误等问题。缺乏灵感和组织文章结构的能力，更是让人感到困扰。幸运的是，借助 AI 编程，这些问题都可以得到有效解决，使写作过程变得更加轻松和高效。

4.2.1 AI 助力，文思如涌笔下生花

写作总是让人又爱又恨。爱的是，它能表达我们的想法；恨的是，常常卡在"这个词怎么用？""这句话通顺吗？"这种细节问题上。别担心，现在有了 AI 编程的加持，写作变得轻松多了！通过 AI 编程自动生成例句，你可以快速找到合适的表达方式，提升语感，让写作从"头疼任务"变成"愉快创作"。

写作难，主要难在以下两点。

● 词穷：明明脑子里有想法，却找不到合适的词句来表达。

● 逻辑乱：文章写完了，回头一看，结构乱七八糟，读起来像"意识流"。

这两个问题，AI 编程都能帮你解决。它就像你的"写作外挂"，帮你从"憋不出字"变成"下笔如有神"。

那么，AI 编程如何帮你搞定写作呢？API（应用程序编程接口）是一种技术工具，可以连接到庞大的语言数据库，帮你生成例句、检查语法，甚至优化文章结构。以下是 API 在 AI 编程应用中的几大核心功能。

（1）自动生成例句，告别词穷。

写论文时卡在"文献综述"？写邮件时不知道怎么开头？AI 编程

可以通过 API 根据你的需求，自动生成合适的例句。比如，输入"如何表达感谢"，它立刻给你一堆选项："衷心感谢""深表谢意""万分感激"……总有一款适合你！

（2）实时语法检查，避免尴尬。

AI 编程可以通过 API 实现内置语法检查功能，能实时揪出你的语法错误。比如，当你把"的、地、得"用混时，它会默默提醒你："兄弟，这个词用错了！"再也不用担心因为低级错误被老板或老师"扣分"了。

（3）智能推荐，越写越顺。

AI 编程会根据你的写作习惯，智能推荐词汇和句子结构。用久了，你会发现自己的语感越来越好，写作也越来越顺手。比如，它可能会建议你把"这个方案很好"改成"这个方案颇具可行性"，瞬间提升文章专业度。

（4）理清思路，结构清晰。

AI 编程不仅通过 API 能帮你改句子，还能帮你梳理文章结构。比如，它会建议你："这段内容可以放前面，逻辑会更顺哦！"再也不用担心文章写得像"流水账"了。

（5）随时随地，轻松操作。

无论你是在办公室写报告，还是在咖啡馆赶论文。AI 编程都能随时随地为你提供支持。

那么，AI 编程写作适合哪些场景呢？其适合的场景主要有以下几个。

● **学术写作**：写论文时，AI 编程帮你搞定文献综述、数据分析，甚至结论部分，让你的论文逻辑清晰、表达专业。

● **职场沟通**：写邮件、报告时，AI 编程帮你找到最合适的表达方式，让老板和同事对你刮目相看。

● **日常创作**：发朋友圈、写博客时，AI 编程让你的文字更生动有趣，吸引更多点赞和评论。

AI 编程辅助写作不仅能帮你解决眼前的写作难题，长期使用还能培养你的写作习惯和语感。慢慢地，你会发现自己的写作水平不知不觉就提升了，面对各种写作任务也能更加自信。

4.2.2 案例：AI 编程自动生成写作例句

本案例讲的是如何通过 AI 编程自动生成写作例句，具体流程如图 4-6 所示。

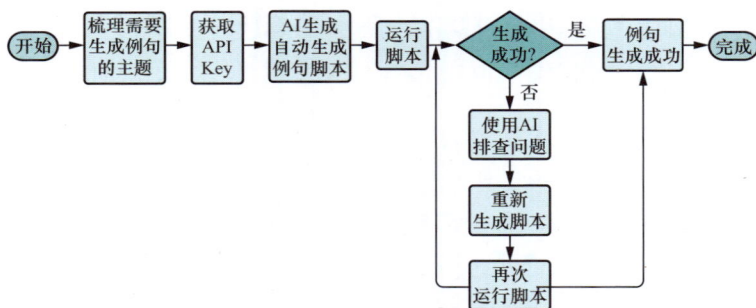

图 4-6　流程示意

有了 AI 编程技术的加持，写作不再是让人抓狂的任务，而是高效又充满创意的工作。所以，下次写作卡壳时，别急着挠头，试试 AI 编程吧！

1. 梳理你要向 AI 提问的问题

现在，把你的需求告诉 AI。可以尝试先用你的背景问题、目标需求、现状与挑战，还有 AI 对应回答的具体要求来结构化梳理你的思路，并向 AI 提问。

（1）背景问题。

● 在写作过程中，我常常遇到【词汇匮乏、句子结构复杂、语法错误】以及【表达不自然】的问题，尤其是面对【空白页面】时，常常感到缺乏思路，不知道从哪里开始写或如何组织文章结构。

● 传统的方法如【查字典】或【请教老师】虽然有一定帮助，但既【耗时费力】，又【缺乏即时反馈】，影响了写作效率。

（2）目标需求。

● 我希望通过【AI 编程】，实现一个【自动生成例句的工具】，帮助我【提高写作效率】，减少【查找资料】和【构思】的时间。

● 该工具能够根据我的需求提供【即时反馈】，帮助我【快速生成合适的例句】，解决词汇、语法和句子结构上的问题。

（3）现状与挑战。

● 当前的写作方法低效，依赖传统的【词典查询、范文参考】，而且缺乏【即时反馈】，这导致了写作时的拖延和效率低下。

● 特别是在寻找合适的【例句】时，常常需要花费大量时间，影响了整体写作进度。

（4）具体要求。

我不懂编程。请用【1、2、3 步骤】形式，【简明清晰】地指导我如何通过 AI 编程自动生成写作例句。

2. 执行 AI 回答中的步骤

让我们按照 AI 的回答来试试看吧。

（1）选择和注册大模型 API 服务。

如果你不清楚如何选择和注册合适的 API 服务，我们也可以进一步向 AI 提问。

1）了解通义提供的服务。访问阿里云官网，注册并登录，如图 4-7 所示。

图 4-7　阿里云官网首页示意

登录后的界面，如图 4-8 所示。

图 4-8　阿里云控制台示意

在网站上查找通义系列，特别是与自然语言处理（NLP）、文本生成、对话系统等相关的产品的信息，如图 4-9 所示。

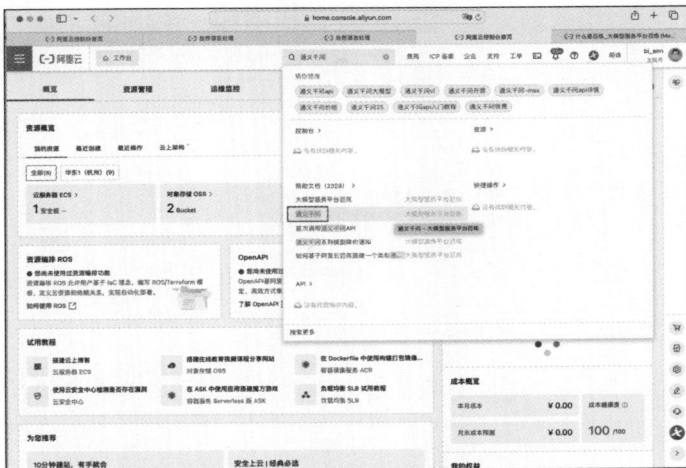

图 4-9 阿里云官网产品搜索示意

2）阅读 API 文档：学习如何使用 API。单击"文本生成"链接，即可进入相关产品文档页，如图 4-10 所示。

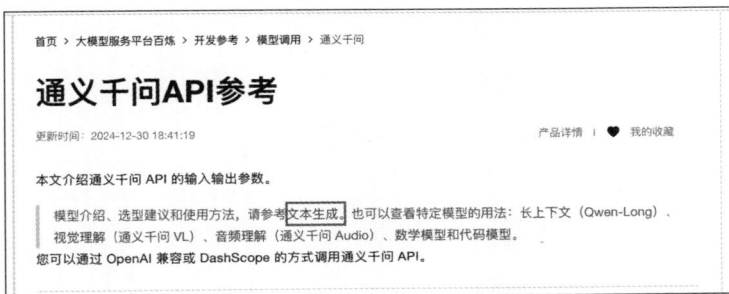

图 4-10 阿里云官网产品查阅示意

在左侧目录栏选择"获取 API Key"选项，如图 4-11 所示。

图 4-11　选择阿里云产品示意

单击"阿里云百炼大模型服务平台"链接，打开产品界面，如图 4-12 所示。

图 4-12　阿里云获取 API Key 示意（1）

　　3）获取 API Key。鼠标指针悬浮在图标上，在下拉菜单选择"API-KEY"选项，如图 4-13 所示。然后，选择"创建我的 API- KEY"选项，在弹出窗口单击"确认"按钮，以生成 API Key，如图 4-14 ～图 4-15 所示。

图 4-13　阿里云获取 API Key 示意（2）

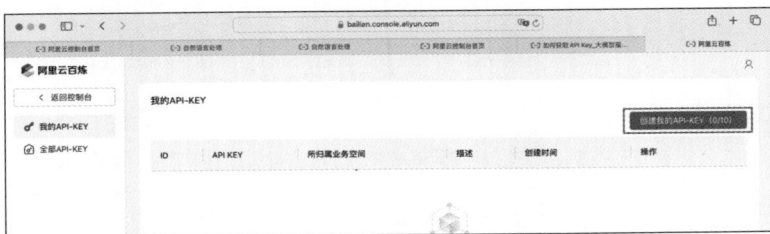

图 4-14　阿里云获取 API Key 示意（3）

图 4-15　阿里云获取 API Key 示意（4）

你的 API Key 就生成成功啦，如图 4-16 所示。

图 4-16　阿里云获取 API Key 示意（5）

打开命令提示符或终端，设置你的环境变量，如图 4-17 所示。

```Bash
export DASHSCOPE_API_KEY="YOUR_DASHSCOPE_API_KEY"
```

在命令行中使用 API Key 设置环境变量，如图 4-17 所示。

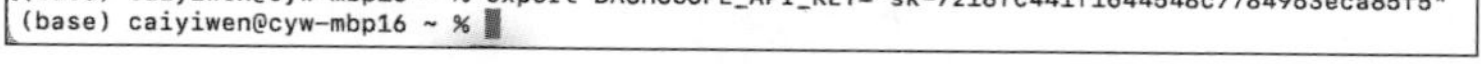

图 4-17　命令行使用 API Key 设置环境变量示意

4）打开命令提示符或终端，安装 SDK。

```Bash
pip install -U openai
```

成功安装 SDK，如图 4–18 所示。

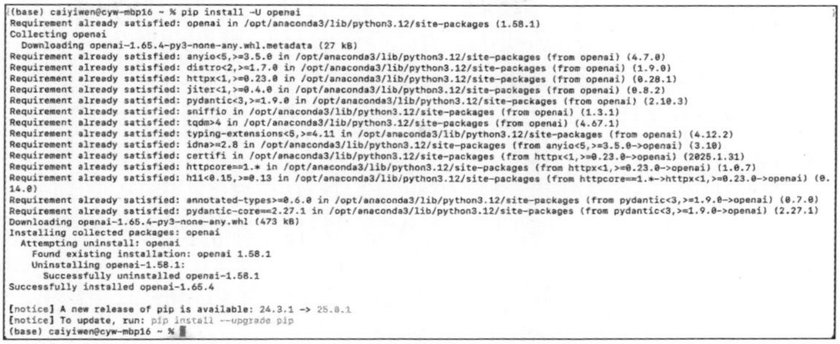

```
(base) caiyiwen@cyw-mbp16 ~ % pip install -U openai
Requirement already satisfied: openai in /opt/anaconda3/lib/python3.12/site-packages (1.58.1)
Collecting openai
  Downloading openai-1.65.4-py3-none-any.whl.metadata (27 kB)
Requirement already satisfied: anyio<5,>=3.5.0 in /opt/anaconda3/lib/python3.12/site-packages (from openai) (4.7.0)
Requirement already satisfied: distro<2,>=1.7.0 in /opt/anaconda3/lib/python3.12/site-packages (from openai) (1.9.0)
Requirement already satisfied: httpx<1,>=0.23.0 in /opt/anaconda3/lib/python3.12/site-packages (from openai) (0.28.1)
Requirement already satisfied: jiter<1,>=0.4.0 in /opt/anaconda3/lib/python3.12/site-packages (from openai) (0.8.2)
Requirement already satisfied: pydantic<3,>=1.9.0 in /opt/anaconda3/lib/python3.12/site-packages (from openai) (2.10.3)
Requirement already satisfied: sniffio in /opt/anaconda3/lib/python3.12/site-packages (from openai) (1.3.1)
Requirement already satisfied: tqdm>4 in /opt/anaconda3/lib/python3.12/site-packages (from openai) (4.67.1)
Requirement already satisfied: typing-extensions<5,>=4.11 in /opt/anaconda3/lib/python3.12/site-packages (from openai) (4.12.2)
Requirement already satisfied: idna>=2.8 in /opt/anaconda3/lib/python3.12/site-packages (from anyio<5,>=3.5.0->openai) (3.10)
Requirement already satisfied: certifi in /opt/anaconda3/lib/python3.12/site-packages (from httpx<1,>=0.23.0->openai) (2025.1.31)
Requirement already satisfied: httpcore==1.* in /opt/anaconda3/lib/python3.12/site-packages (from httpx<1,>=0.23.0->openai) (1.0.7)
Requirement already satisfied: h11<0.15,>=0.13 in /opt/anaconda3/lib/python3.12/site-packages (from httpcore==1.*->httpx<1,>=0.23.0->openai) (0.
14.0)
Requirement already satisfied: annotated-types>=0.6.0 in /opt/anaconda3/lib/python3.12/site-packages (from pydantic<3,>=1.9.0->openai) (0.7.0)
Requirement already satisfied: pydantic-core==2.27.1 in /opt/anaconda3/lib/python3.12/site-packages (from pydantic<3,>=1.9.0->openai) (2.27.1)
Downloading openai-1.65.4-py3-none-any.whl (473 kB)
Installing collected packages: openai
  Attempting uninstall: openai
    Found existing installation: openai 1.58.1
    Uninstalling openai-1.58.1:
      Successfully uninstalled openai-1.58.1
Successfully installed openai-1.65.4

[notice] A new release of pip is available: 24.3.1 -> 25.0.1
[notice] To update, run: pip install --upgrade pip
(base) caiyiwen@cyw-mbp16 ~ %
```

图 4–18　安装 SDK 示意

（2）安装必要的软件和库（Python）。

安装 Python：这一步我们就跳过吧，有需要的读者可以翻看前面的章节。

安装必要的库：打开命令提示符（Windows）或终端（macOS/Linux），然后运行以下命令来安装所需的 Python 库。

```
Bash
pip install requests
```

由于我预先安装过这些库，因此这里会直接显示这些库的版本，如图 4–19 所示。

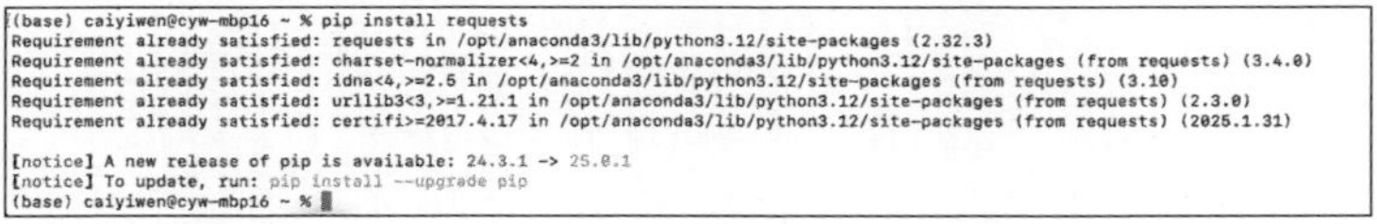

```
(base) caiyiwen@cyw-mbp16 ~ % pip install requests
Requirement already satisfied: requests in /opt/anaconda3/lib/python3.12/site-packages (2.32.3)
Requirement already satisfied: charset-normalizer<4,>=2 in /opt/anaconda3/lib/python3.12/site-packages (from requests) (3.4.0)
Requirement already satisfied: idna<4,>=2.5 in /opt/anaconda3/lib/python3.12/site-packages (from requests) (3.10)
Requirement already satisfied: urllib3<3,>=1.21.1 in /opt/anaconda3/lib/python3.12/site-packages (from requests) (2.3.0)
Requirement already satisfied: certifi>=2017.4.17 in /opt/anaconda3/lib/python3.12/site-packages (from requests) (2025.1.31)

[notice] A new release of pip is available: 24.3.1 -> 25.0.1
[notice] To update, run: pip install --upgrade pip
(base) caiyiwen@cyw-mbp16 ~ %
```

图 4–19　程序结果示意

（3）创建 Python 脚本。

打开文本编辑器（例如记事本），然后复制并粘贴下面提供的 Python 代码。

```
Python
import requests

def generate_sentences(api_key, topic):
    url = "https://api.example.com/generate"
# 替换为实际 API 地址
    headers = {
        "Authorization": f"Bearer {api_key}",
        "Content-Type": "application/json"
    }
    data = {
        "model": "qwen-long",
        "messages": [
            {"role": "system", "content": " 你是写作助手 "},
            {"role": "user", "content": f" 生成关于 '{topic}'
的句子 "}
        ],
        "parameters": {
            "temperature": 0.7,
            "max_tokens": 50
        }
    }

    try:
        response = requests.post(url, json=data,
headers=headers)
        response.raise_for_status()
        return [c['message']['content'] for c in response.
json().get('choices', [])] or [ "无结果" ]
    except Exception as err:
        return [f" 错误 : {err}"]

if __name__ == "__main__":
    key = "your_api_key_here"  # 替换为实际 API Key
    topic = input(" 请输入主题 : ")

    for sentence in generate_sentences(key, topic):
        print(f"- {sentence}")
```

这段代码会向指定的 API 发送请求，并根据你提供的主题词生成例句。请记得替换 url 和 api_key 为实际值。

请在"请输入主题词"处输入你想生成例句的关键词。

将该文件保存为 generate_sentences.py。

3．运行自动生成例句脚本

为了顺利运行自动生成例句脚本，需要执行一些操作。我们要定位到存储脚本的文件夹，然后运行脚本。以下是具体操作步骤。

（1）**打开命令提示符或终端**，导航到保存 generate_sentences.py 文件的位置。可以使用 cd 命令更改当前目录，例如"cd desktop/ 秒懂 AI/ 第 4 章 /4.2"，如图 4-20 所示。

```
[(base) caiyiwen@cyw-mbp16 ~ % cd desktop/秒懂AI/第 4 章 /4.2
 (base) caiyiwen@cyw-mbp16 4.2 %
```

图 4-20　文件导航示意

（2）输入以下命令运行脚本：

```Bash
python generate_sentences.py
```

运行成功啦，程序运行成功示意如图 4-21 所示。

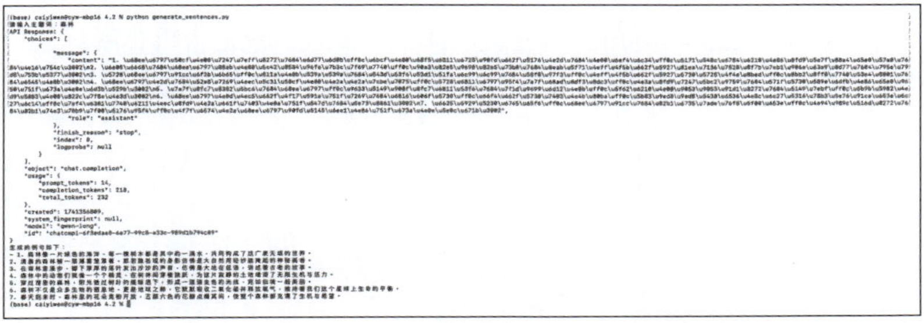

图 4-21　程序运行成功示意

4.3 智能听力与口语练习：Whisper 相伴，随时随地练英语

在全球化的背景下，英语已成为学习、工作及日常生活中的重要沟通工具。然而，提升英语听力和口语能力对许多人来说是一个难题：多次听录音仍难以理解语义、参加英语角活动却难以参与对话等。这些问题让许多学习者感到沮丧和无助。幸运的是，借助 AI 编程，我们可以有效地解决这些问题，使英语学习更加高效有趣。

4.3.1 Whisper 相伴，练英语不孤单

通过 AI 编程我们可以在本地运行 Whisper 这款强大的语音识别工具。它不仅能将你的语音转换成文字，还能实时纠正你的发音和表达。无论是日常对话还是专业交流，Whisper 都能提供个性化的练习内容，并实现即时反馈，让你随时随地都能高效练习英语。

传统的英语学习方法，比如听录音、参加语言角，虽然有一定效果，但问题也不少。

●**耗时**：听录音得反复听好几遍，还不一定能听懂。

●**缺乏反馈**：英语角虽然能练口语，但没人系统地告诉你哪里说得不对。

●**不够个性化**：每个人的学习需求不同，传统方法很难满足所有人的需求。

而通过 AI 编程实现的本地 Whisper，完全解决这些痛点。

Whisper 是什么？为什么它这么牛？ Whisper 是一款开源的语音识别工具，通过 AI 编程，我们可以在本地运行它，不需要依赖外部 API 服

务。简单来说，它就像你的"私人英语教练"，能帮你把语音转换成文字，还能生成自然流畅的语音。无论是练听力还是口语，它都能轻松搞定。

Whisper 有以下的三大优势。

（1）**实时反馈，发音更准**：Whisper 能实时识别你的语音，并给出发音和表达的建议。比如，你说"I want a cup of water"，它可能会告诉你："发音不错，但'water'的't'可以更清晰一点哦！"

（2）**个性化练习，想练啥练啥**：无论你是想练习日常对话，还是商务英语，Whisper 都能根据你的需求生成练习内容。比如，你可以让它生成一段商务会议的对话，然后跟着练。

（3）**隐私保护，数据更安全**：Whisper 在本地运行，你的语音数据不会上传到云端，完全不用担心隐私泄露。

4.3.2 案例：用 Whisper 练英语

本案例讲的是如何通过 AI 编程实现本地用 Whisper 练英语，具体流程如图 4-22 所示。

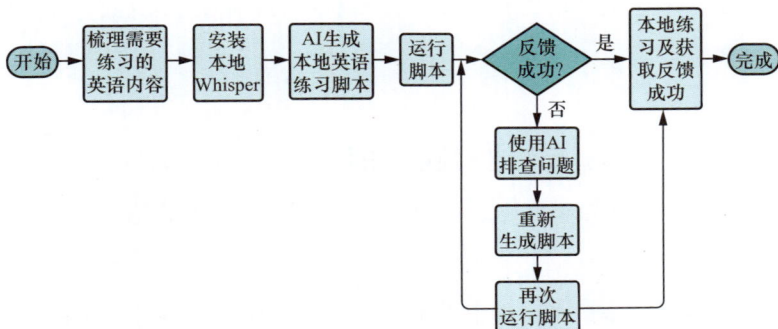

图 4-22　流程示意

通过 AI 编程实现的本地 Whisper，让英语学习再也不是一件枯燥无味的事了。它不仅能帮你实时纠正发音，还能根据你的需求生成个性化练习内容，让你随时随地都能高效学习。无论是想提升日常对话技巧，还是准备商务英语交流，Whisper 都能成为你的得力助手。

所以，别再为英语听力和口语发愁了，试试用 AI 编程实现本地 Whisper 吧！让它帮你从"哑巴英语"变成"流利英语"，轻松应对各种英语场景！

1. 梳理你要向 AI 提问的问题

现在，把你的需求告诉 AI。可以尝试先用你的背景问题、目标需求、现状与挑战，还有 AI 对应回答的具体要求来结构化梳理你的思路，并向 AI 提问。

（1）**背景问题。**

● 在学习英语的过程中，我遇到【提升听力和口语能力的难题】，传统方法如【听录音、参加英语角】虽有帮助，但既【耗时费力】，又【缺乏即时反馈】和【个性化支持】。

● 我在练习听力和口语时经常遇到以下问题。

【缺乏真实对话场景】：传统材料多为录音或书面内容，缺少真实交流的场景。

【缺少即时纠正】：发音和语法难以及时纠正。

【练习时间不足】：时间和地点的限制使得练习无法高效进行。

【个性化需求难以满足】：传统方法难以根据个人水平提供支持。

（2）**目标需求。**

● 我希望找到一种【简单易用】的方法，即使没有编程基础也能轻松上手。通过【Whisper 工具】生成个性化的练习内容、提供即时反馈，并随时随地进行高效练习。

● 具体来说，我希望能够在【本地环境】中使用 Whisper，通过【Python 脚本】获取【音频文件】或【语音转文字结果】，并提供关于口语音频的反馈。

（3）现状与挑战。

● 目前，我依赖【传统的学习方法】，如听录音、背单词或参加语言角活动，但这些方法【效率低下，缺乏即时反馈】，并且很难满足我的【个性化需求】。

● 这些方法让我感到【沮丧】，影响了英语学习的进步速度。

（4）具体要求。

我不懂编程。请用【1、2、3 步骤】形式，【简明清晰】地指导我如何通过 AI 编程实现 Whisper 与本地环境结合，让英语听力和口语练习更加高效。

2. 执行 AI 回答中的步骤

让我们按照 AI 的回答来试试看吧。

（1）安装必要的软件和库。

安装 Python：这一步我们就跳过吧，有需要的读者可以翻看前面的章节。

安装必要的库：打开命令提示符（Windows）或终端（macOS/Linux），然后运行以下命令来安装 Whisper 和其他必要的 Python 库。

```Bash
pip install git+https://github.com/openai/whisper.git
pip install numpy
pip install soundfile  # 用于处理音频文件
```

程序运行成功啦，程序结果示意如图 4-23 所示。

```
[notice] A new release of pip is available: 24.3.1 -> 25.0.1
[notice] To update, run: pip install --upgrade pip
Requirement already satisfied: numpy in /opt/anaconda3/lib/python3.12/site-packages (2.0.2)

[notice] A new release of pip is available: 24.3.1 -> 25.0.1
[notice] To update, run: pip install --upgrade pip
Requirement already satisfied: soundfile in /opt/anaconda3/lib/python3.12/site-packages (0.13.0)
Requirement already satisfied: cffi>=1.0 in /opt/anaconda3/lib/python3.12/site-packages (from soundfile) (1.17.1)
Requirement already satisfied: numpy in /opt/anaconda3/lib/python3.12/site-packages (from soundfile) (2.0.2)
Requirement already satisfied: pycparser in /opt/anaconda3/lib/python3.12/site-packages (from cffi>=1.0->soundfile) (2.22)

[notice] A new release of pip is available: 24.3.1 -> 25.0.1
[notice] To update, run: pip install --upgrade pip
(base) caiyiwen@cyw-mbp16 ~ %
```

图 4-23　程序结果示意

（2）创建 Python 脚本。

打开文本编辑器（例如记事本），然后复制并粘贴下面提供的 Python 代码。

```Python
import whisper
from pathlib import Path

# 加载 Whisper 语音识别模型
model = whisper.load_model("base")

def transcribe_audio(file_path):
    """ 将音频文件转换为文本 """
    return model.transcribe(str(file_path))['text']

def analyze_transcription(text):
    """ 分析转录文本并提供反馈 """
    print(f"Transcription: {text}\n")

    words = len(text.split())   # 计算单词数
    sentences = text.count('.') + text.count('!') + text.count('?')   # 计算句子数

    feedback = []

    if words < 5:
        feedback.append("Try speaking more. At least 5 words.")
    if words > 30:
        feedback.append("Your speech is long. Consider
```

```
shorter sentences.")
    if sentences == 0:
        feedback.append("Use punctuation like '.', '?',
or '!' to end sentences.")

    if feedback:
        print("\nFeedback:")
        print("\n".join(feedback))
    else:
        print("Good job!")

if __name__ == "__main__":
    file_path = input("Enter the audio file path: ")

    if Path(file_path).is_file():
        text = transcribe_audio(file_path)
        if text:
            analyze_transcription(text)
    else:
        print("File does not exist.")
```

将代码保存在相应文件夹，命名为 english_practice.py。

3. 运行 Python 脚本实现本地用 Whisper 练英语

为了顺利运行本地 Whisper 练英语脚本，接下来需要执行一些操作。我们要定位到存储脚本的文件夹，然后运行脚本。以下是具体操作步骤。

（1）**打开命令提示符或终端**，导航到你保存 english_practice.py 文件的位置。可以使用 cd 命令更改当前目录，例如 "cd desktop/ 秒懂 AI/ 第 4 章 /4.3"，如图 4-24 所示。

```
[(base) caiyiwen@cyw-mbp16 ~ % cd desktop/秒懂AI/第 4 章 /4.3
(base) caiyiwen@cyw-mbp16 4.3 % ▮
```

图 4-24　文件导航示意

（2）输入以下命令运行脚本。

```Bash
python english_practice.py
```

程序运行成功啦，结果如图 4-25 所示。

```
(base) caiyixwn@cyw-mbp16 4.3 % python english_practice.py
/opt/anaconda3/lib/python3.12/site-packages/whisper/__init__.py:150: FutureWarning: You are using `torch.load` with `weights_only=False` (the current default
alue), which uses the default pickle module implicitly. It is possible to construct malicious pickle data which will execute arbitrary code during unpickling (
See https://github.com/pytorch/pytorch/blob/main/SECURITY.md#untrusted-models for more details). In a future release, the default value for `weights_only` will
be flipped to `True`. This limits the functions that could be executed during unpickling. Arbitrary objects will no longer be allowed to be loaded via this mo
de unless they are explicitly allowlisted by the user via `torch.serialization.add_safe_globals`. We recommend you start setting `weights_only=True` for any us
e case where you don't have full control of the loaded file. Please open an issue on GitHub for any issues related to this experimental feature.
  checkpoint = torch.load(fp, map_location=device)
/opt/anaconda3/lib/python3.12/site-packages/whisper/transcribe.py:132: UserWarning: FP16 is not supported on CPU; using FP32 instead
  warnings.warn("FP16 is not supported on CPU; using FP32 instead")
Transcription Result:
 Today was a beautiful sunny day, so I decided to spend some time at the park. After breakfast, I packed a small bag with a book. A water bottle and some snack
s. So I walked to the park to about 15 minutes and along the way. I saw many people going about their morning routines. When I arrived at the park, I found a n
ice boat under a big tree to see down. The weather was perfect, not too hot and not too cold. I opened my book and started reading while enjoying the fresh air
 and the sounds of nature around me. But we are seeing in the trees and the children were playing on the swing nearby.

You spoke 119 words and made 9 sentences.
Your speech is quite long. Try breaking it into shorter, clearer sentences.

Here are some tips for improving your English:
- Practice speaking in complete sentences.
- Use a variety of vocabulary and try not to repeat the same words too often.
- Listen to native speakers and mimic their pronunciation and intonation.
- Record yourself regularly to track your progress over time.
(base) caiyixwn@cyw-mbp16 4.3 % ▉
```

图 4-25　程序运行成功示意

4.4 用爬虫自动抓取热点新闻，做自己的个性新闻源

你是否曾经迷失在海量的新闻资讯中，难以找到真正感兴趣的内容？面对信息过载的问题，传统的新闻浏览方式不仅耗时，还经常被无关紧要的消息干扰。幸运的是，借助 AI 和自动化工具，我们可以创建一个完全根据个人兴趣定制的新闻源，让浏览新闻变得更加高效，令人愉悦。

4.4.1 AI 助力新闻路，定制资讯不迷雾

通过 AI 编程，可以完全按照你的兴趣量身打造一个专属新闻源。无论是精准推送、分类整理还是去除广告干扰，这些功能都能帮助你更高效地获取所需的信息。以下是利用 AI 编程构建专属新闻源的几大优势。

（1）**精准推送，只关心你关心的。**

通过设置关键词过滤，定制化新闻源可以精准推送与你兴趣相关的内容。比如，你只关心科技新闻，那就设置关键词"AI""区块链""元宇宙"。其他内容就会被统统过滤掉，再也不用被无关信息打扰了！

（2）**分类整理，快速找到重点。**

新闻源可以按类别或主题整理抓取到的内容。比如，你可以把新闻分为"科技""财经""娱乐"等类别，方便快速浏览和查找。想看点轻松的？直接点开"娱乐"类别，瞬间进入吃瓜模式。

（3）**纯净阅读，告别广告。**

定制化新闻源可以去除广告和其他干扰元素，提供一个纯净的阅读环境。再也不用被弹窗广告气得想砸键盘了！

（4）**整合多平台，节省时间。**

通过整合多个新闻源，你不需要频繁切换平台，就能在一个界面看到所有感兴趣的内容。省时省力，效率翻倍。

定制化新闻源的应用场景非常广泛，能够满足不同用户群体的特定需求，主要包含以下几个用户群体。

（1）**职场人士。**定制化新闻源可以根据你的职业领域，推送最新的行业报告和市场分析文章。比如，你是金融从业者，它可以帮你实时跟踪股市动态和经济政策，帮助你做出更明智的决策。

（2）**学生和研究人员。**定制化新闻源可以帮你跟踪学术进展和技术突破。比如，设置关键词"量子计算""基因编辑"，其相关的最新研究成果一目了然。

（3）**普通读者。**如果你只是想在闲暇时间看看娱乐新闻、体育赛事或文化活动,定制化新闻源也能满足你。设置关键词"电影""足球""音乐会",轻松获取其相关的最新资讯,丰富日常生活。

4.4.2 案例：用爬虫打造专属新闻源

本案例讲的是如何通过 AI 编程实现用爬虫自动爬取新闻,具体流程如图 4-26 所示。

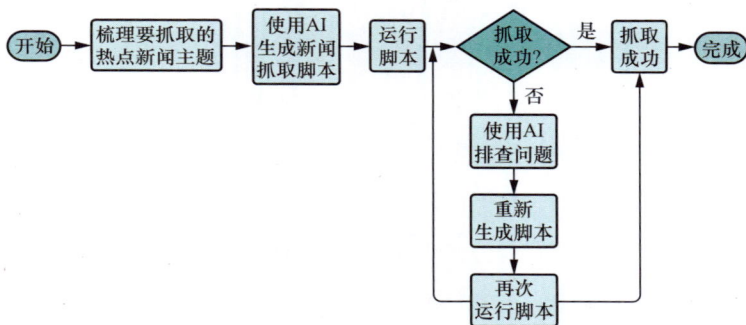

图 4-26　流程示意

所以,别再被无关信息淹没,试试用 AI 编程打造你的专属新闻源吧!从此,阅读不再是负担,而是一种享受。

1. 梳理你要向 AI 提问的问题

现在,把你的需求告诉 AI。可以尝试先用你的背景问题、目标需求、现状与挑战,还有 AI 对应回答的具体要求来结构化梳理你的思路,并向 AI 提问。

（1）背景问题。

● 在信息快速流动的时代,我面临【如何高效筛选并获取感兴趣的新闻资讯】的挑战。

● 传统方法，如【浏览多个新闻网站】或依赖【新闻聚合应用】，存在【广告干扰、更新不及时】和【多平台切换】等问题，无法满足我的【个性化需求】。

（2）**目标需求。**

● 我希望找到一种【更智能、更自动化】的解决方案，利用【AI 编程】实现【爬虫技术】来构建【定制化的新闻源】。

● 具体来说，我希望【精准推送与个人兴趣相关的内容】，抓取【最新资讯】，去除【广告】，并【整合多个来源的信息】，从而提高【获取信息的效率】，减少无关内容的干扰，使阅读更加【专注和愉快】。

（3）**现状与挑战。**

● 目前，我主要依赖【传统方法】获取新闻，但这些方法【推荐机制不够智能，更新不及时】，增加了获取信息的【时间成本】，让我感到疲惫。

● 特别是追踪【特定领域】的动态时，传统方法显得尤为不足。

（4）**具体要求。**

我不懂编程。请用【1、2、3 步骤】形式，【简明清晰】地指导我如何通过 AI 编程实现自动抓取热点新闻，并确保步骤【简单易懂】，便于快速上手。

2. 执行 AI 回答中的步骤

让我们按照 AI 的回答来试试看吧。

（1）**安装必要的软件和库。**

安装 Python：这一步我们就跳过吧，有需要的读者可以翻看前面的章节。

安装必要的库：打开命令提示符（Windows）或终端（macOS/

Linux），然后运行以下命令来安装所需的 Python 库。

```Bash
pip install requests beautifulsoup4 feedparser
```

程序结果示意如图 4-27 所示。

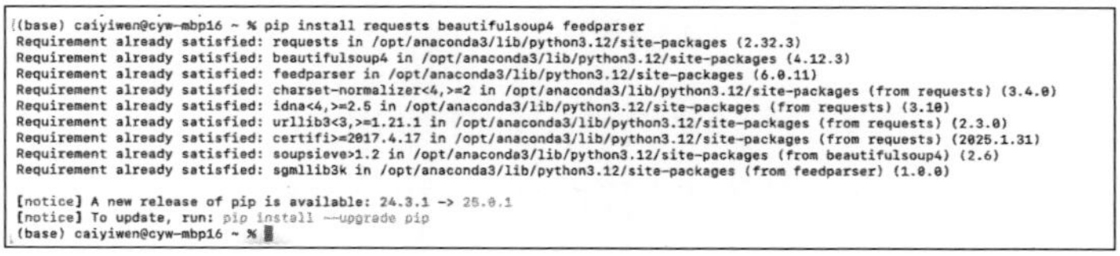

图 4-27　程序结果示意

（2）创建 Python 脚本。

打开文本编辑器（例如记事本），然后复制并粘贴下面提供的
Python 代码。

```Python
import feedparser

# 1：定义新闻源的 RSS feed URL
rss_feed_urls = [
    'http://news.                              ,
# 示例 RSS Feed URL
    # 你可以在此列表中添加更多感兴趣的 RSS Feed URL
]

# 2：编写函数来抓取并打印新闻标题
def fetch_news(feed_url):
    """ 解析 RSS 订阅源并打印新闻标题和链接 """
    try:
        feed = feedparser.parse(feed_url)
        if not feed.entries:
            print(f"⚠ 无法获取新闻内容：{feed_url}\n")
            return

        print(f"📰 新闻来源：{feed.feed.title}\n")
```

```
for entry in feed.entries[:5]:    # 仅显示前 5 条新闻
    print(f"▣ {entry.title}")
    print(f"🔗 {entry.link}\n")

except Exception as e:
    print(f"✖ 获取新闻时出错：{e}")

# 3：遍历所有 RSS feed URL 并调用 fetch_news 函数
if __name__ == "__main__":
    for url in rss_feed_urls:
        fetch_news(url)
```

让我们将代码保存在相应文件夹。

代码中的 "http://news.   " 为示例新闻源，你可替换成你想抓取的新闻来源网站。

将该文件保存为 news_fetcher.py。

需要注意的是，编写和运行爬虫程序涉及一定的法律和技术风险，比如可能会违反某些网站的服务条款或触及版权问题。因此，在实施以下方案前，请确保遵守相关法律法规和网站规则。

3. 运行自动抓取新闻脚本

为了顺利运行自动抓取新闻热点脚本，接下来需要执行一些操作。我们要定位到存储脚本的文件夹，然后运行脚本。以下是具体操作步骤。

（1）**打开命令提示符或终端**，导航到保存 summarize_learning_materials.py 文件的位置。可以使用 cd 命令更改当前目录，例如 "cd desktop/ 秒懂 AI/ 第 4 章 /4.4"，如图 4-28 所示。

```
[(base) caiyiwen@cyw-mbp16 ~ % cd desktop/秒懂AI/第 4 章 /4.4
(base) caiyiwen@cyw-mbp16 4.4 % ▮
```

图 4-28　文件导航示意

（2）输入以下命令运行脚本。

```Bash
python news_fetcher.py
```

运行成功啦！图 4-29 展示的是爬取到的部分新闻信息，由于信息较多，因此只截取了部分。

图 4-29　程序运行成功示意

笔者写这个小节时，正好是 2025 年的 1 月 1 日。可以看到抓取到的新闻信息首条内容正是 2025 年新年世界各地的庆祝照片。

第 5 章

用 AI 写 Excel 脚本，轻松

搞定数据处理与分析

高效的学习方式能让我们快速掌握新知识，而在职场中，数据处理和分析同样是必备技能。好消息是，AI 也能帮我们轻松搞定 Excel 中的烦琐任务！本章，我们将学习如何用 AI 编写 Excel 脚本，实现数据处理与自动化分析，让你的工作效率倍增。

5.1 告别烦琐数据处理：用 AI 写脚本让 Excel 处理更高效

告别烦琐的数据处理工作，实现高效、准确的数据管理是每个职场人的愿望。尤其是在面对大量重复数据时，手动操作不仅耗时费力，还容易导致错误。下面我们将介绍如何通过 AI 编程，自动清除 Excel 表格中的重复数据，让你的数据管理工作变得十分轻松。

5.1.1 AI 脚本一句话，重复数据自动清

在日常工作中，我们经常需要处理大量的 Excel 表格数据。这些数据可能来自不同的地方，内容也五花八门，遇到重复的数据更是家常便饭。比如，在客户信息表、销售记录或员工考勤表中，总会出现一些重复的数据，让人不得不手动去合并、删减这些数据。这不仅浪费时间，还容易导致数据错误，影响报告的准确性。

手动查找和删除重复数据简直是一场"眼力大考验"，既耗时又容易出错。虽然我们可以学一些 Excel 操作技巧来解决问题，但这些方法往往不够高效，尤其是当数据量很大时，手动操作简直让人抓狂。

那么，有没有更聪明的办法呢？当然有！那就是借助自动化工具，比如用 Python 写一个小脚本，快速搞定重复数据的问题。

使用一个简单的 Python 脚本，就能快速、准确地检测并删除 Excel 表格中的重复行，让数据集始终保持干净整洁。相比手动操作，这种自动化处理数据的方式有以下三大优势。

● **效率翻倍**：几秒就能搞定原本需要数小时的手动操作，效率直接拉满。

● **精准无误**：避免了人工操作可能带来的错误，确保数据的准确性和完整性。

● **一劳永逸**：脚本写好后，可以轻松应用到多个类似的 Excel 文件中，省却了重复劳动的麻烦。

那么，问题来了，不懂编程怎么办？别担心，现在有 AI 帮忙，人人都可以尝试用自动化工具解决问题！比如，你可以用简单的语言描述你的需求，借助 AI 编程工具（比如 ChatGPT、GitHub Copilot），帮你生成一个 Python 脚本。你只需要运行这个脚本，几秒后，你的 Excel 文件中的重复数据就会被清理干净。

假设你是一名市场营销专员，负责管理客户的联系信息。你的客户列表中可能存在重复的客户信息，比如同一个客户被录入了两次。你需要一个工具定期清理掉这些重复条目，确保每次发送营销邮件或进行市场分析时，使用的都是最准确的数据。有了 AI 的帮助，这一切变得轻而易举。

5.1.2 案例：自动清理 Excel 重复数据

本案例讲的是如何通过 AI 编程自动清理 Excel 重复数据，具体流程如图 5-1 所示。

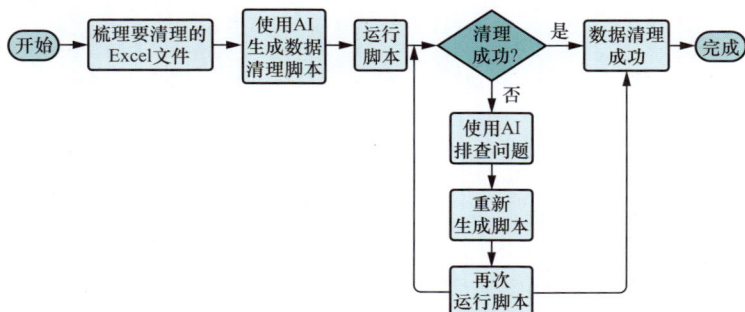

图 5-1　流程示意

通过 AI 的帮助，即使你完全不懂编程，也能轻松搞定清理重复数据的问题。从此，你再也不用为手动清理 Excel 表格数据而头疼，可以把时间放在更有价值的工作上。AI，就是这么贴心！

1. 梳理你要向 AI 提出的问题

现在，把你的需求告诉 AI。可以尝试先用你的背景问题、目标需求、现状与挑战，还有 AI 对应回答的具体要求来结构化梳理你的思路，并向 AI 提问。

（1）背景问题。

● 作为【市场营销专员】，我负责管理【客户联系信息的 Excel 文件】，由于数据来源多样，客户列表中经常出现【重复的条目】。

● 手动查找和删除这些重复数据【耗时且容易出错】，尤其是在处理【大型数据集】时，容易遗漏或误删重要信息。

（2）目标需求。

我希望通过【AI 编程】来自动【检测并删除 Excel 表格中的重复行】，确保客户数据的【准确性和一致性】。

（3）现状与挑战。

● 我【手动检查每个客户的联系信息】，逐个比对并删除重复条目。这种方式既【低效】又容易出错。

● 在数据量大的时候，这种手动处理方式非常【烦琐】，无法满足工作需求。

（4）具体要求。

● 我不懂编程。请用【1、2、3 步骤】形式，【简明清晰】地指导我如何通过 Python 脚本实现自动清理 Excel 数据中的重复项。希望步骤尽量【简单易懂】，让我能够快速上手。

2．执行 AI 回答中的步骤

让我们按照 AI 的回答来试试看吧。

（1）安装必要的软件和库。

安装 Python：这一步让我们跳过吧，有需要的读者可以翻看前面的章节。

安装 pandas 和其他依赖库：打开命令提示符（Windows）或终端（macOS/Linux），然后运行以下命令来安装所需的 Python 库。

```Bash
pip install pandas openpyxl
```

程序结果如图 5-2 所示。

```
(base) caiyiwen@cyw-mbp16 ~ % pip install pandas openpyxl
Requirement already satisfied: pandas in /opt/anaconda3/lib/python3.12/site-pack
ages (2.2.3)
Requirement already satisfied: openpyxl in /opt/anaconda3/lib/python3.12/site-pa
ckages (3.1.5)
Requirement already satisfied: numpy>=1.26.0 in /opt/anaconda3/lib/python3.12/si
te-packages (from pandas) (2.0.2)
Requirement already satisfied: python-dateutil>=2.8.2 in /opt/anaconda3/lib/pyth
on3.12/site-packages (from pandas) (2.9.0.post0)
Requirement already satisfied: pytz>=2020.1 in /opt/anaconda3/lib/python3.12/sit
e-packages (from pandas) (2024.2)
Requirement already satisfied: tzdata>=2022.7 in /opt/anaconda3/lib/python3.12/s
ite-packages (from pandas) (2024.2)
Requirement already satisfied: et-xmlfile in /opt/anaconda3/lib/python3.12/site-
packages (from openpyxl) (2.0.0)
Requirement already satisfied: six>=1.5 in /opt/anaconda3/lib/python3.12/site-pa
ckages (from python-dateutil>=2.8.2->pandas) (1.17.0)

[notice] A new release of pip is available: 24.3.1 -> 25.0.1
[notice] To update, run: pip install --upgrade pip
(base) caiyiwen@cyw-mbp16 ~ %
```

图 5-2　程序结果示意

（2）创建 Python 脚本。

打开文本编辑器（例如记事本），然后复制并粘贴下面提供的 Python 代码。运行这段代码将会读取你的 Excel 文件，去除重复的行，并将结果保存到新的 Excel 文件中。

```
Python
import pandas as pd

def remove_duplicates(input_file, output_file):
    # 读取 Excel 文件
    df = pd.read_excel(input_file)

    # 删除重复行
    df_cleaned = df.drop_duplicates()

    # 将清理后的数据写入新的 Excel 文件
    df_cleaned.to_excel(output_file, index=False)

# 使用方法：替换为你的实际文件路径
remove_duplicates("/Users/YourUsername/Desktop/customers.
xlsx", "/Users/YourUsername/Desktop/customers_cleaned.xlsx")
```

让我们将代码保存在相应文件夹。

请注意，"/Users/YourUsername/Desktop/customers.xlsx" 和 "/Users/ YourUsername/Desktop/customers_cleaned.xlsx" 是示例路径，请将其替换 为你自己的文件路径。

将此文件保存为 remove_duplicates.py。确保文件名以 .py 结尾，表 示这是一个 Python 脚本文件。

3. 运行 Excel 文件数据清理脚本

为了顺利运行 Excel 文件数据清理脚本，接下来需要执行一些操作。 我们要定位到存储脚本的文件夹，然后运行脚本。以下是具体操作。

（1）**打开命令提示符或终端**，导航到你保存 remove_duplicates.py 文 件的位置。可以使用 cd 命令更改当前目录，例如 "cd desktop/ 秒懂 AI/ 第 5 章 /5.1"，如图 5–3 所示。

```
[(base) caiyiwen@cyw-mbp16 ~ % cd desktop/秒懂 AI/第 5 章 /5.1
(base) caiyiwen@cyw-mbp16 5.1 %
```

图 5-3　文件导航示意

（2）输入以下命令运行脚本。

```Bash
Bash
python remove_duplicates.py
```

运行成功啦，程序运行成功示意如图 5-4 所示。

```
[(base) caiyiwen@cyw-mbp16 5.1 % python remove_duplicates.py
(base) caiyiwen@cyw-mbp16 5.1 %
```

图 5-4　程序运行成功示意（1）

脚本执行后，你应该会在指定位置找到一个新的 Excel 文件 customers_cleaned.xlsx，如图 5-5 所示。其中不再包含任何重复的客户记录，如图 5-6 所示。

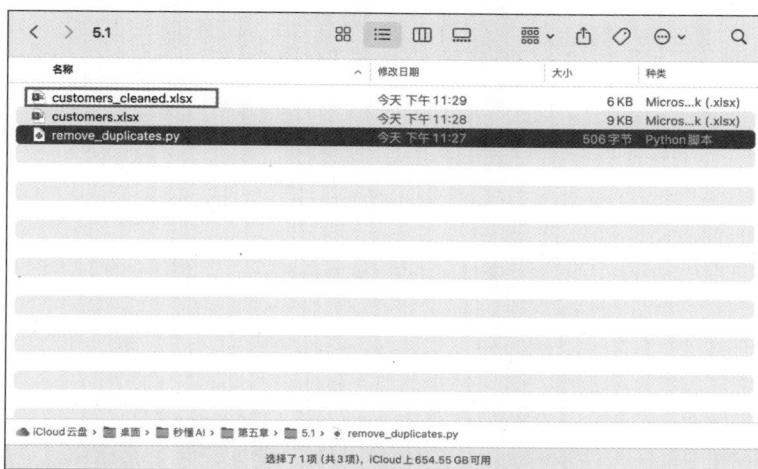

图 5-5　程序运行成功示意（2）

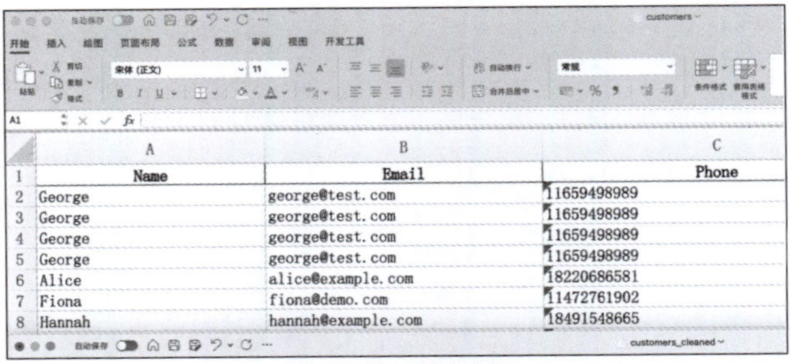

	A	B	C
1	Name	Email	Phone
2	George	george@test.com	11659498989
3	George	george@test.com	11659498989
4	George	george@test.com	11659498989
5	George	george@test.com	11659498989
6	Alice	alice@example.com	18220686581
7	Fiona	fiona@demo.com	11472761902
8	Hannah	hannah@example.com	18491548665

（a）旧的Excel文件内容

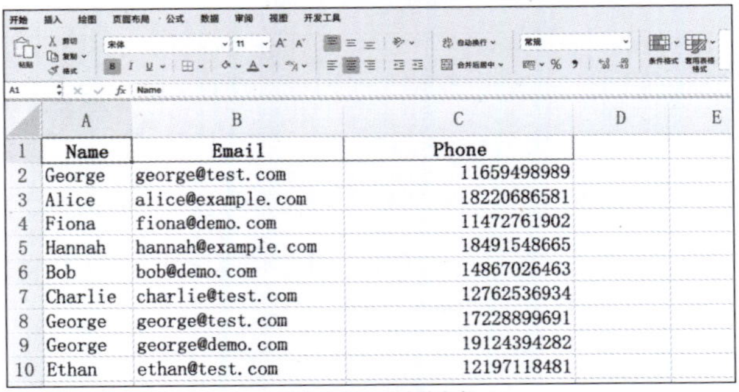

	A	B	C	D	E
1	Name	Email	Phone		
2	George	george@test.com	11659498989		
3	Alice	alice@example.com	18220686581		
4	Fiona	fiona@demo.com	11472761902		
5	Hannah	hannah@example.com	18491548665		
6	Bob	bob@demo.com	14867026463		
7	Charlie	charlie@test.com	12762536934		
8	George	george@test.com	17228899691		
9	George	george@demo.com	19124394282		
10	Ethan	ethan@test.com	12197118481		

（b）新的Excel文件内容

图 5-6　程序运行成功示意（3）

简单几步操作，自动清理 Excel 重复数据的脚本就运行成功啦！

5.2 数据处理一键完成：用 Python 与 VBA 脚本实现自动化分析与计算

告别了烦琐的数据清理工作后，接下来我们将探索如何通过 AI 编程利用 Python 和 VBA 脚本实现数据处理自动化。让系统自动完成从数据收集到分析的全过程，极大地提升工作效率。我们一起看看如何借助这些工具简化数据管理，让工作更加轻松高效。

5.2.1　智能解析难题解，复杂计算一键明

在当今的工作和学习中，数据处理已经成了我们生活中的"常客"。无论是学生整理实验结果、老师统计成绩，还是职场人准备报告，几乎每个人都得和数据打交道。然而，手动处理数据不仅费时费力，还容易出错。想象一下，每次整理数据时，你都得打开一堆文件，复制并粘贴数据，然后一遍遍计算——光是想想就觉得头大了吧！

随着数据量的爆炸式增长，传统的手工方法已经跟不上节奏了。不过别担心，编程语言（比如 Python 或 Excel 里的 VBA 宏）可以来救场！通过编写脚本，我们可以让计算机自动完成这些烦琐的任务。你只需要单击一下按钮，计算机就会自动收集数据、清理数据、执行复杂计算，最后把结果整理得整整齐齐，放进 Excel 文件里。

这种方法的好处可太多了。

● **节省时间**：以前需要花费几个小时甚至几天处理的数据，计算机几分钟就能搞定。

● **减少错误**：计算机处理重复任务比人类靠谱多了，再也不用担心手滑而输错数字。

●**提高效率**：随时运行程序，快速获取结果，效率直接拉满。

● **易于更新**：如果数据源变了或者计算方式需要调整，只需要修改一下程序，轻松又灵活。

不仅如此，自动化数据处理还能带来更多高级功能。

● **数据分析更深入**：可以快速引用 Python 的 pandas 库，你可以轻松处理复杂的数据分析任务。

● **图表更漂亮**：可以快速引用 Matplotlib 库生成高质量的图表，让你的报告看起来更专业。

● **团队协作更顺畅**：可以快速运用 Git 等版本控制系统，团队可以轻松追踪项目历史，避免混乱。

● **数据更安全**：减少数据传播次数，从而增强数据的安全性和隐私保护，让你更放心。

掌握自动化数据处理技能，不仅能让你从烦琐的手动操作中解脱出来，还能大幅提升工作效率，挖掘更多有价值的信息。无论是个人还是团队，都能从中受益。所以，别再手动处理数据了，利用 AI 编程来帮你干活吧！你只需要喝着咖啡，看着计算机为你"跑"数据，岂不美哉？

5.2.2 案例：自动分析与计算销售数据

本案例讲的是如何通过 AI 编程实现销售数据的自动分析与计算，具体流程如图 5-7 所示。

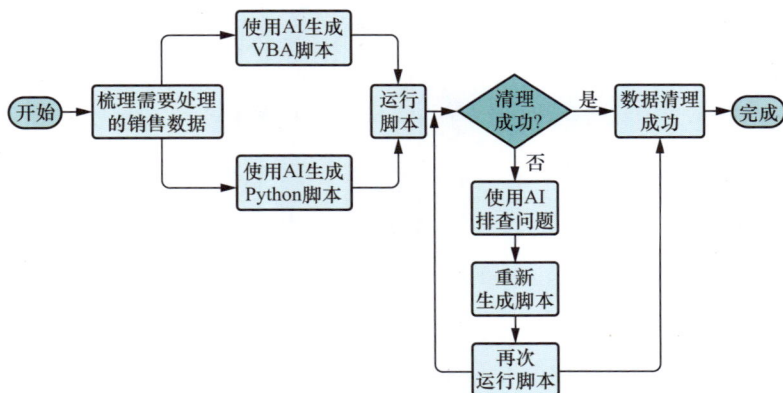

图 5-7 流程示意

以前，某零售公司的销售团队每个月都要手动处理大量的销售数据。这些数据来自不同的渠道，比如线上平台、实体店收银系统、客户关系管理（CRM）软件等，格式也各不相同。销售经理需要手动检查每一笔交易，确保它们被正确录入 Excel 表格中，然后再根据各种指标，来计算和分析数据。这个过程不仅耗时，还容易出错，影响决策的准确性。

后来，公司引入了 Python 和 VBA 来简化这个流程。开发团队编写了一个 Python 脚本，该脚本可以自动从各个来源抓取最新的销售数据，并将数据统一导入一个标准格式的 Excel 文件中。接着，该脚本调用 pandas 库清理数据，去除重复项，填补缺失值，并对某些字段进行标准化处理。然后，该脚本调用 Matplotlib 库生成各种图表，直观展示销售额变化、产品类别表现、最佳销售员等情况。最后，借助 Excel 的 VBA 宏，将所有分析结果自动排版并保存为正式的月度销售报告。

1. 梳理你要向 AI 提出的问题

现在，把你的需求告诉 AI。可以尝试先用你的背景问题、目标需求、现状与挑战，还有 AI 对应回答的具体要求来结构化梳理你的思路，并向 AI 提问。

（1）背景问题。

● 目前，我们依赖【手工操作】处理来自【线上平台、实体店、CRM 软件】的销售数据，不仅【耗时费力】，还容易【出错】。

● 每月底的【数据汇总和报告生成】需要几天时间，且当【业务规则变化】时，必须重新设计流程，导致【额外的工作负担】。

（2）目标需求。

我们希望通过【Python 和 Excel VBA 宏】实现自动化，减少手动操作，确保数据的【准确性】，并应用【高级分析方法（如机器学习）】支持决策。具体包括以下内容。

● 通过【自动化脚本】处理数据，创建【高质量图表】并进行【预测分析】。

- 实现【自动清理重复数据】、【数据计算】和【报告生成】。

- 提供【Python 和 VBA 代码】，帮助我们快速实现自动化分析和计算。

（3）现状与挑战。

- 目前，销售经理必须【手动检查每一笔交易】，确保它们被正确录入【统一的 Excel 表格】，并根据各种【指标】进行计算和分析。

- 当【业务规则发生变化】或需要添加【新的分析维度】时，往往需要【重新设计整个工作流程】，非常耗时。

（4）具体要求。

请提供【Python 和 VBA 各自独立且完整的代码文件】，帮助我实现【自动化分析、计算】，并展示数据分析结果。在提供代码时，应尽量【简化步骤】，便于我轻松理解和应用。

2. 执行数据自动化分析与计算脚本

首先，运行 Python 脚本完成自动化分析与计算。

（1）安装必要的软件和库。

安装 Python：这一步我们就跳过吧，有需要的读者可以翻看前面的章节。

安装必要的库：打开命令提示符（Windows）或终端（macOS/Linux），然后运行以下命令来安装所需的 Python 库。

```Bash
pip install pandas openpyxl matplotlib seaborn scikit-learn
```

由于本案例已预先安装过这些库，因此，这里直接显示这些库的版本，如图 5-8 所示。

```
e-packages (from matplotlib) (0.12.1)
Requirement already satisfied: fonttools>=4.22.0 in /opt/anaconda3/lib/python3.1
2/site-packages (from matplotlib) (4.55.3)
Requirement already satisfied: kiwisolver>=1.3.1 in /opt/anaconda3/lib/python3.1
2/site-packages (from matplotlib) (1.4.7)
Requirement already satisfied: packaging>=20.0 in /opt/anaconda3/lib/python3.12/
site-packages (from matplotlib) (24.2)
Requirement already satisfied: pillow>=8 in /opt/anaconda3/lib/python3.12/site-p
ackages (from matplotlib) (11.0.0)
Requirement already satisfied: pyparsing>=2.3.1 in /opt/anaconda3/lib/python3.12
/site-packages (from matplotlib) (3.2.0)
Requirement already satisfied: scipy>=1.6.0 in /opt/anaconda3/lib/python3.12/sit
e-packages (from scikit-learn) (1.14.1)
Requirement already satisfied: joblib>=1.2.0 in /opt/anaconda3/lib/python3.12/si
te-packages (from scikit-learn) (1.4.2)
Requirement already satisfied: threadpoolctl>=3.1.0 in /opt/anaconda3/lib/python
3.12/site-packages (from scikit-learn) (3.5.0)
Requirement already satisfied: six>=1.5 in /opt/anaconda3/lib/python3.12/site-pa
ckages (from python-dateutil>=2.8.2->pandas) (1.17.0)

[notice] A new release of pip is available: 24.3.1 -> 25.0.1
[notice] To update, run: pip install --upgrade pip
(base) caiyiwen@cyw-mbp16 ~ %
```

图 5-8　程序结果示意

（2）创建 Python 脚本。

打开文本编辑器（例如记事本），然后复制并粘贴下面提供的
Python 代码。

```Python
import pandas as pd
from sklearn.model_selection import train_test_split
from sklearn.linear_model import LinearRegression
from sklearn.metrics import mean_squared_error

# 文件路径
DATA_FILE = 'sales_data.xlsx'
CLEANED_DATA_FILE = 'cleaned_sales_data.xlsx'

# 步骤一：加载数据，去除重复项并填补缺失值
df = pd.read_excel(DATA_FILE)
df = df.drop_duplicates().fillna(0)

# 保存清洗后的数据
df.to_excel(CLEANED_DATA_FILE, index=False)
print(f"已保存清洗后的数据至 '{CLEANED_DATA_FILE}'")

# 步骤二：选择特征和目标变量
```

```
X = df[['Feature1', 'Feature2']]    # 请替换为实际特征列名
y = df['Sales']                      # 目标变量

# 步骤三：划分训练集和测试集
X_train, X_test, y_train, y_test = train_test_split(
    X, y, test_size=0.2, random_state=42
)

# 步骤四：训练线性回归模型
model = LinearRegression()
model.fit(X_train, y_train)

# 步骤五：进行预测并计算误差
predictions = model.predict(X_test)
mse = mean_squared_error(y_test, predictions)

# 输出评估指标
print(f"Mean Squared Error: {mse}")
```

让我们将代码保存在相应文件夹。

代码中的 DATA_FILE 和 CLEANED_DATA_FILE 的路径需要修改为你计算机中文件的实际路径，并确保 Feature1 和 Feature2 替换为实际使用的特征列名称。

将上述代码保存为 sales_analysis.py 文件。

为了顺利运行 Excel 自动分析与计算脚本，接下来需要执行一些步骤。我们要定位到存储脚本的文件夹，然后运行脚本。以下是具体操作步骤。

（1）**打开命令提示符或终端**，导航到你保存 sales_analysis.py 文件的位置。可以使用 cd 命令更改当前目录，例如 "cd desktop/ 秒懂 AI/ 第 5 章 /5.2"，如图 5-9 所示。

```
[(base) caiyiwen@cyw-mbp16 ~ % cd desktop/秒懂 AI/第 5 章 /5.2
(base) caiyiwen@cyw-mbp16 5.2 %
```

图 5-9　文件导航示意

（2）输入以下命令运行脚本。

```Bash
python sales_analysis.py
```

运行成功啦，程序运行结果如图 5-10 和图 5-11 所示。

```
(base) caiyiwen@cyw-mbp16 5.2 % python sales_analysis.py
已保存清洗后的数据至 'cleaned_sales_data.xlsx'
已生成销售趋势图并保存为 'monthly_sales_trend.png'
Mean Squared Error: 1652808.0413994545
(base) caiyiwen@cyw-mbp16 5.2 %
```

图 5-10　程序运行结果示意（1）

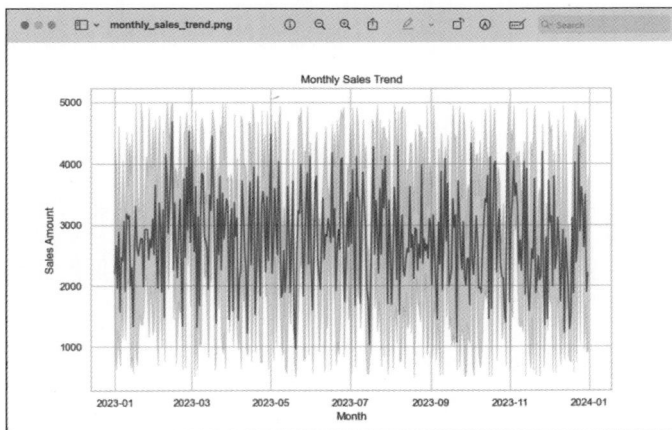

图 5-11　程序运行结果示意（2）

如果你想看某一个月的详细销售数据，可以和 AI 进一步沟通，然后运行 AI 提供的脚本就可以啦！

下面是针对销售数据中 2023 年 1 月的详细数据处理，程序运行结果如图 5-12 到图 5-15 所示。

```
● (base) caiyiwen@cyw-mbp16 5.2 % python sales_analysis_2023_January.py
已保存清洗后的数据至 'cleaned_sales_data_2023-01.xlsx'
已生成销售趋势图并保存为 'sales_trend_2023-01.png'
Mean Squared Error: 1523060.127644364
○ (base) caiyiwen@cyw-mbp16 5.2 % []
```

图 5-12　程序运行结果示意（3）

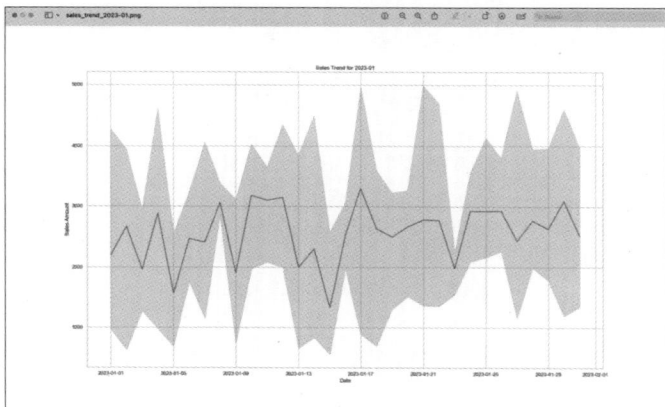

图 5-13　程序运行结果示意（4）

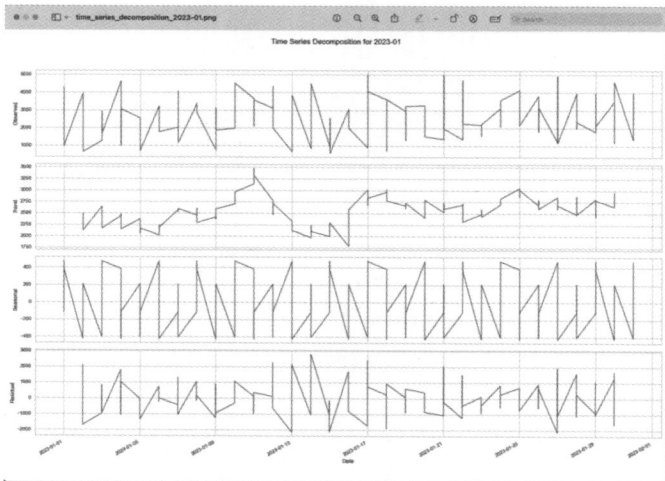

图 5-14　程序运行结果示意（5）

```
                        analysis_report_2023-01.txt ~
Descriptive Statistics:
       Sales Amount  Units Sold
count    93.000000   93.000000
mean   2566.989247  110.677419
std    1221.687709   59.740592
min     564.000000   10.000000
25%    1528.000000   61.000000
50%    2399.000000  109.000000
75%    3560.000000  164.000000
max    4988.000000  199.000000

Correlation Matrix:
            Sales Amount  Units Sold
Sales Amount    1.000000    0.037748
Units Sold      0.037748    1.000000

Outliers detected: 0
Linear Regression Model Summary:
Mean Squared Error: 1523060.127644364
Coefficients: [1.10901786]
Intercept: 2549.8060048733914
```

图 5-15　程序运行结果示意（6）

接下来，让我们运行 VBA 脚本完成自动化分析与计算。

（1）准备 Excel 工作簿。

打开一个新的或现有的 Excel 工作簿，该工作簿将用于存储和展示最终的数据分析结果。此处，直接复制了一份 sales_data.xlsx，其文件名为 sales_data copy.xlsx，如图 5-16 所示。

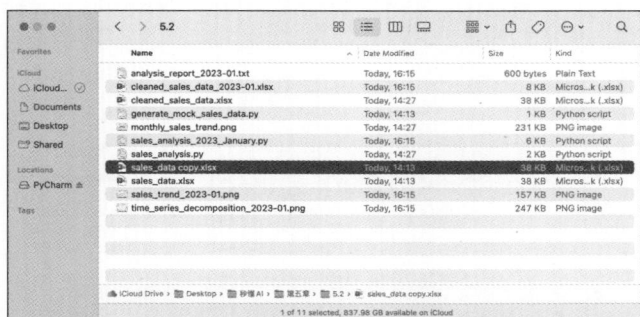

图 5-16　程序结果示意

（2）添加 VBA 宏。

打开 VBA 编辑器，在 Windows 和 macOS 系统上，相应的操作略有不同，具体操作如下。

1）Windows：按下 Alt + F11 组合键，即可打开 VBA 编辑器。

2）macOS：需要先启用开发者选项，如图 5-17 所示，步骤如下。

● 打开 Excel，确保它是当前活动窗口。

● 单击屏幕顶部菜单栏中的"工具"菜单（如果看不到该菜单，请先单击 Excel 窗口任意位置激活它。

● 选择"自定义工具栏 ..."选项，然后勾选"开发者工具"选项。

注意，不同 Office 版本的操作可能略有差异，若找不到该选项，可尝试执行"Excel → 偏好设置 → 常规"命令查看相关设置。

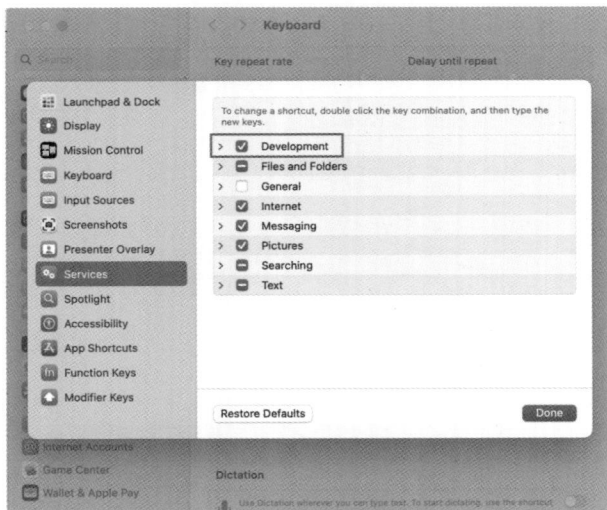

图 5-17　macOS 开发者选项勾选示意

执行"Tool -> Macro -> VBA/VBE"命令，如果你只找到了 Visual Basic Editor（VBE）而没有直接看到"VBA"，如图 5-18 所示，不要担心，这是因为 VBE 实际上就是用于编写和编辑 VBA 代码的环境。因此，在 macOS 上打开 VBA 编辑器实际上就是打开 VBE。

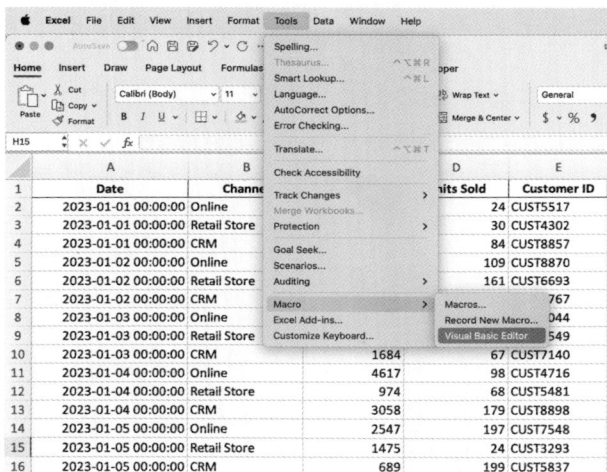

图 5-18　程序结果示意

在左侧项目资源管理器中，执行"VBAProject"（你的工作簿名称）->"Insert"（插入）->"Module"（模块）命令，如图 5-19 和图 5-20 所示。

图 5-19　VBA 示意

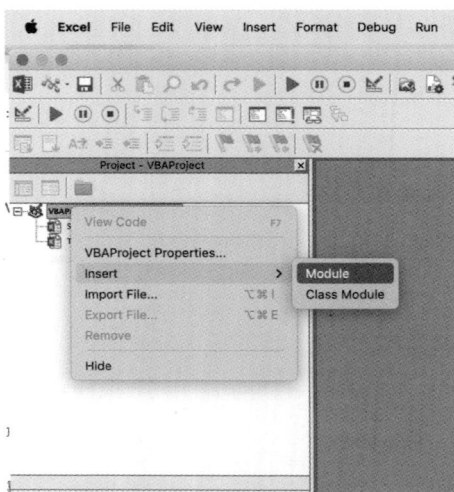

图 5-20　VBA 插入模块示意

插入后就出现了一个 VBA 代码编辑器，如图 5-21 所示。

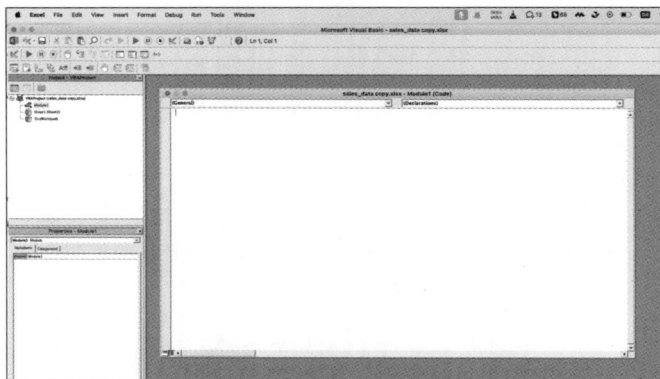

图 5-21　VBA 代码编辑器示意

将以下代码粘贴到编辑器中。

```
General
Sub GenerateSalesReport()
```

```
    Dim wb As Workbook
    Dim ws As Worksheet
    Dim lastRow As Long
    Dim chartObj As ChartObject

    ' 加载清洗后的数据文件
    Set wb = Workbooks.Open("C:\path\to\your\cleaned_
sales_data.xlsx") ' 修改为实际路径
    Set ws = wb.Sheets(1)

    ' 格式化数据
    With ws
        .Range("A1:D1").Font.Bold = True
        .Columns("A:D").AutoFit
        lastRow = .Cells(.Rows.Count, "A").End(xlUp).Row
        .Range("A1:D" & lastRow).Borders.LineStyle =
xlContinuous
    End With

    ' 创建销售趋势图
    Set chartObj = ws.ChartObjects.Add(Left:=100,
Top:=100, Width:=600, Height:=400)
    With chartObj.Chart
        .SetSourceData Source:=ws.Range("A1:B" & lastRow)
        .ChartType = xlLineMarkers
        .ChartTitle.Text = "Monthly Sales Trend"
        .Axes(xlCategory).AxisTitle.Text = "Month"
        .Axes(xlValue).AxisTitle.Text = "Sales Amount"
    End With

    ' 保存并关闭工作簿
    wb.SaveAs "C:\path\to\your\formatted_sales_report.
xlsx" ' 修改为实际路径
    wb.Close SaveChanges:=False

    MsgBox "销售报告已成功生成！"
End Sub
```

修改配置：修改宏中的文件路径以指向 Python 脚本生成的清洗后数据文件位置。

修改保存路径以匹配你的需求。运行 VBA 宏，单击"运行"按钮▶，如图 5-22 所示。弹出对话框，选择刚才创建的 VBA 文件，单击"Run"（运行）按钮，如图 5-23 所示

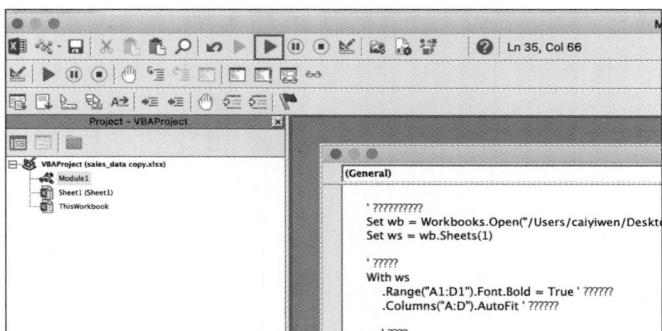

图 5-22　VBA 运行示意

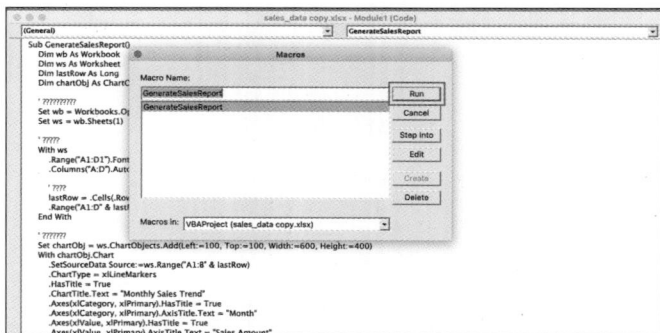

图 5-23　VBA 运行示意

运行成功啦，VBA 运行成功如图 5-24 和图 5-25 所示。

如果你需要其他样式的图表，你可以在 Execl 的图表设计中进行选择切换，如图 5-26 所示。

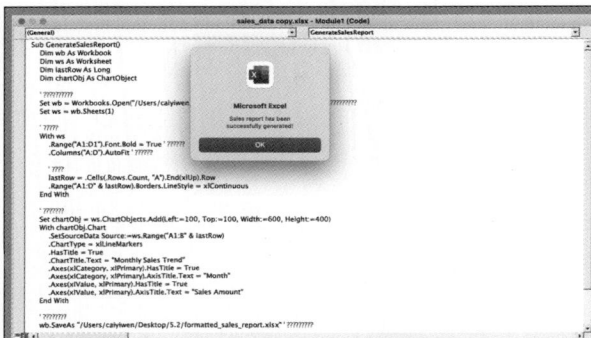

图 5-24　VBA 运行成功示意（1）

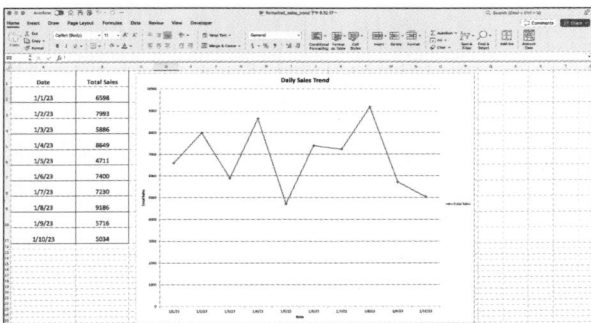

图 5-25　VBA 运行成功示意（2）

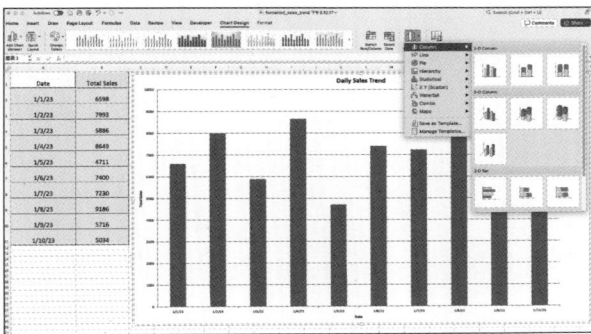

图 5-26　VBA 运行成功示意（3）

5.3 AI 自动生成数据报告，轻松完成工作任务

告别了手动整理数据和制作图表的烦琐过程，现在让我们看看如何利用 AI 的力量实现数据报告的自动化生成。无论你的数据多么复杂，利用 AI 编程都能帮助你自动汇集、分析，并生成专业的数据报告。想象一下，只需要向 AI 描述你的需求，一份详尽的数据报告便能自动生成，这不仅节省了时间，还提高了准确性，让你的工作更加高效。

5.3.1 AI 助力，数据报告一键成

在现代职场中，数据报告是决策的重要依据，但手动整理数据、制作图表的过程却让人头疼不已。尤其是当数据分散在多个本地文件中时，光是收集和整理数据就足以让人抓狂。想象一下，每个月底你都得打开一堆 Excel、CSV 文件，手动复制粘贴、计算指标、画图表——这简直是职场版"马拉松"，既费时又容易出错。

不过，别担心！随着 AI 技术的发展，现在有了更聪明的解决方案——通过输入合适的提示词，让 AI 帮助你编写脚本，自动生成数据报告。你只需要用自然语言描述你的需求，AI 就能为你生成相应的代码。运行这个脚本，系统就会自动读取本地数据、分析信息，并生成一份完整的报告，包括清晰的图表和关键指标。从此，你再也不用为整理数据熬夜加班了！

选择 AI 编程生成报告的优点有以下几点。

（1）**自然语言编程，降低门槛。**

你不需要是编程高手，只需要用自然语言描述你的需求，比如"读取 Excel 文件并计算销售额增长率"，AI 就会为你生成相应的代码。这种"说人话"的编程方式，让技术小白也能轻松上手。

（2）自动读取本地数据，省时省力。

无论是 Excel、CSV 还是其他格式的本地文件，执行 AI 生成的脚本都能轻松读取并提取所需的数据。你只需要把文件放在指定文件夹，执行脚本，系统就会自动抓取并整理数据，再也不用手动打开一个个文件复制粘贴了。

（3）智能分析，挖掘数据价值。

利用 AI 编程可以轻松实现高级数据分析。比如，自动计算销售额增长率、客户满意度变化趋势，甚至发现数据中的异常点。这些分析结果可以帮助你更好地理解业务状况，为决策提供支持。

（4）一键生成报告，高效又专业。

通过 AI 编程，你可以编写自动化脚本，一键生成完整的报告，包括图表和关键指标。你只需要单击一下按钮，剩下的交给 AI 生成的脚本搞定。生成的报告不仅格式规范，还能根据你的需求定制内容，满足不同场景的需求。

5.3.2　案例：自动生成销售数据报告

本案例讲的是如何通过 AI 编程自动生成数据报告，具体流程如图 5-27 所示。

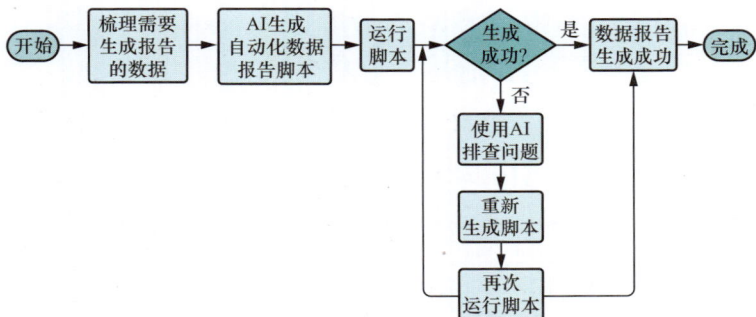

图 5-27　流程示意

假设你是一名市场分析师，每个月都需要整理销售数据并生成报告。你的数据分散在多个本地文件中，比如，包含如下几个文件。

● **CSV 文件**：存储了客户的反馈信息，比如用户对产品的评价、满意度调查等

● **Excel 文件 1**：包含了各个地区的销售额数据，比如北京、上海、广州等城市的销售额情况

● **Excel 文件 2**：记录了市场份额的变化，即你的产品或公司的市场占比如何随时间变化，比如市场份额增长或下降的情况

以前，你需要手动打开这些文件，整理数据、计算指标、制作图表。这个过程不仅烦琐，还容易出错。而现在，你只需要执行以下几个步骤，就能生成报告。

（1）**描述需求**：用自然语言告诉 AI 你的需求，比如"读取 Excel 文件并计算各地区销售额增长率"。

（2）**生成代码**：AI 会根据你的描述生成相应的 Python 脚本。

（3）**运行脚本**：自动读取本地数据，清洗数据，并计算关键指标。

（4）**生成报告**：将分析结果整理成图表，并保存为一份完整的报告。

整个过程只需要几分钟，而你只需要检查一下报告内容，确认无误后就可以提交了。从此，你再也不用为整理数据熬夜加班了！

1. 梳理你要向 AI 提问的问题

现在，把你的需求告诉 AI。可以尝试先用你的背景问题、目标需求、现状与挑战，还有 AI 对应回答的具体要求来结构化梳理你的思路，并向 AI 提问。

（1）**背景问题**。

● 我们的数据处理方式完全依赖【手工操作】，这导致工作流程【冗

长、低效】，且容易引入【人为错误】。

● 数据来自【多个渠道】（如线上平台、实体店收银系统、CRM 软件），每种数据来源的【格式各不相同】，增加了【整合和处理的难度】。

（2）目标需求。

● 我希望通过【AI 编程】编写【自动化脚本】，来【自动抓取最新销售数据、清理并预处理数据、分析计算数据】，并将结果整理成【易于理解的报告】。

（3）现状与挑战。

● 现有工作流程【缺乏自动化工具】，每次处理数据时需要重复做类似操作（如打开多个文件、复制粘贴、输入公式等），不仅【耗时】，还容易【出错】。

● 目前我们依赖【手工操作】处理来自多个渠道的【销售数据】，这些数据【格式不同】，导致【整合和处理数据耗时且容易出错】。

● 每月底生成详细报告需要【几天时间】，而且当【业务规则变化】时，需要【重新设计整个流程】，消耗额外的【时间和资源】。

（4）具体要求。

● 我没有编程基础，也不懂代码。请用【1、2、3 步骤】形式，【简明清晰】地指导我如何通过 Python 脚本实现【自动生成数据报告】。

2. 执行 AI 回答中的步骤

让我们按照 AI 的回答来试试看吧。

（1）安装必要的软件和库。

安装 Python：这一步我们就跳过吧，有需要的读者可以翻看前面的章节。

安装必要的库：打开命令提示符（Windows）或终端（macOS/Linux），

然后运行以下命令来安装所需的 Python 库。

```Bash
pip install pandas matplotlib openpyxl nltk
```

由于我预先安装过这些库，因此，这里会直接显示这些库的版本，如图 5-28 所示。

```
Requirement already satisfied: pillow>=8 in /opt/anaconda3/lib/python3.12/site-p
ackages (from matplotlib) (11.0.0)
Requirement already satisfied: pyparsing>=2.3.1 in /opt/anaconda3/lib/python3.12
/site-packages (from matplotlib) (3.2.0)
Requirement already satisfied: et-xmlfile in /opt/anaconda3/lib/python3.12/site-
packages (from openpyxl) (2.0.0)
Requirement already satisfied: click in /opt/anaconda3/lib/python3.12/site-packa
ges (from nltk) (8.1.7)
Requirement already satisfied: joblib in /opt/anaconda3/lib/python3.12/site-pack
ages (from nltk) (1.4.2)
Requirement already satisfied: regex>=2021.8.3 in /opt/anaconda3/lib/python3.12/
site-packages (from nltk) (2024.11.6)
Requirement already satisfied: tqdm in /opt/anaconda3/lib/python3.12/site-packag
es (from nltk) (4.67.1)
Requirement already satisfied: six>=1.5 in /opt/anaconda3/lib/python3.12/site-pa
ckages (from python-dateutil>=2.8.2->pandas) (1.17.0)

[notice] A new release of pip is available: 24.3.1 -> 25.0.1
[notice] To update, run: pip install --upgrade pip
(base) caiyiwen@cyw-mbp16 ~ %
```

图 5-28　程序结果示意

（2）创建 Python 脚本。

打开文本编辑器（例如记事本），然后复制并粘贴下面提供的 Python 代码。

```Python
import pandas as pd
import matplotlib.pyplot as plt
from openpyxl import load_workbook
from openpyxl.drawing.image import Image

# 数据处理、分析及图表生成
def create_report(input_file, output_file, last_month_
sales):
    # 读取并清洗数据
    data = pd.read_excel(input_file).dropna().
drop_duplicates()

    # 计算销售总额与按地区分组的销售额
```

```
    total_sales = data['Sales'].sum()
    sales_by_region = data.groupby('Region')['Sales'].
sum()

    # 生成销售区域柱状图
    sales_by_region.plot(kind='bar', figsize=(10, 6),
title='Sales by Region')
    plt.tight_layout()
    chart_file = 'sales_by_region.png'
    plt.savefig(chart_file)
    plt.close()

    # 生成摘要
    summary = f"本月销售额较上月有所{'增长' if total_sales >
last_month_sales else '下降'}。"

    # 创建并保存报告
    with pd.ExcelWriter(output_file, engine='openpyxl')
as writer:
        data.to_excel(writer, sheet_name='Data')
        pd.DataFrame({'Summary': [summary]}).
to_excel(writer, sheet_name='Summary')
        writer.book.create_sheet('Charts').
add_image(Image(chart_file), 'A1')

# 主逻辑
if __name__ == "__main__":
    create_report('sales_data.xlsx', 'monthly_report.
xlsx', 100000)
    print("报告已成功生成！")
```

让我们将代码保存在相应文件夹，命名为 generate_report.py 文件。

将代码中的 sales_data.xlsx 与 monthly_report.xlsx 文件更改为你的
Excel 文件路径。

3. 运行自动生成数据报告脚本

为了顺利运行自动生成数据报告脚本，接下来，需要执行一些操作。我

l

秒懂 AI 编程：零基础搞定办公自动化

们要定位到存储脚本的文件夹，然后运行脚本。以下是具体操作步骤。

（1）**打开命令提示符或终端**，导航到你保存 generate_report.py 文件的位置。可以使用 cd 命令更改当前目录，例如"cd desktop/ 秒懂 AI/ 第5 章 /5.3"，如图 5-29 所示。

```
[(base) caiyiwen@cyw-mbp16 ~ % cd desktop/秒懂AI/第 5 章 /5.3
 (base) caiyiwen@cyw-mbp16 5.3 %
```

图 5-29　文件导航示意

（2）**输入以下命令运行脚本。**

```
Bash
python generate_report.py
```

运行成功啦，程序运行成功如图 5-30 和图 5-31 所示。

```
(tt0=2v0t2 >pandas/ (17t0t0)
● (base) caiyiwen@cyw-mbp16 5.3 % python generate_report.py
报告已成功生成！
○ (base) caiyiwen@cyw-mbp16 5.3 % █
```

图 5-30　程序运行成功示意（1）

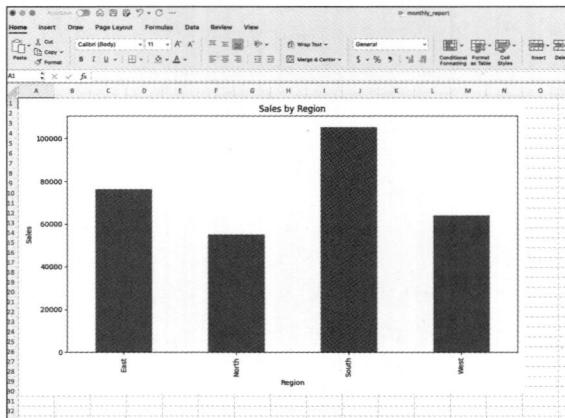

图 5-31　程序运行成功示意（2）

5.4　自动生成图表：AI 帮你自动制作专业级可视化图表

在数字化时代，有效地将数据转化为直观、易于理解的图表变得尤为重要。想象一下，如果只需要简单描述你的需求，利用 AI 编程就能为你生成清晰美观的图表，这将极大提升工作效率、优化展示效果。接下来，我们将探索如何利用 AI 编程自动生成专业级别的可视化图表，让你的数据不仅说话，而且"唱出美妙的旋律"。

5.4.1　AI 省时力，图表生成效率高

在当今这个数字化的世界里，无论是企业还是个人，每天都要面对海量的信息和数据。为了更好地理解和利用这些数据，我们常常需要把它们变成图表或图形展示出来。这个过程叫作"数据可视化"，它让数字会说话、会画画，让我们一眼就能看懂复杂的信息，从而做出更明智的决策。

不过，传统的图表制作方式可没那么轻松。手动整理数据、选择图表类型、调整格式……这些步骤不仅烦琐，还容易出错。更糟糕的是，手动制作的图表风格可能不一致，看起来既不专业也不美观。而且，随着市场和技术的变化，手动更新图表也很难保证信息的时效性。

别担心，AI 编程来帮忙了！通过 AI 编程（比如用 ChatGPT 或通义生成代码），可以让计算机自动完成从数据到图表的整个流程。即使你不是编程高手，也能轻松搞定。以下是它的几大优点：

（1）**省时省力**：通过 AI 编程，可以自动处理数据和生成图表。比如，用 Python 的 Matplotlib 库，利用几行代码就能生成漂亮的图表，完全不需要手动绘制。

（2）**准确无误**：AI 生成的代码会智能推荐最适合的图表类型，并自动检查数据的准确性，确保图表清晰表达数据含义，再也不用担心手滑出错。

（3）**灵活美观**：通过 AI 编程，你可以轻松自定义图表风格，保持其一致性。还可以用交互式工具（如 Plotly）让图表更生动，方便深入分析数据。

（4）**保持一致**：通过 AI 编程，你可以标准化图表的输出格式，确保团队内的图表风格统一。版本控制功能（比如 Git）还能让你随时回滚到之前的版本，避免混乱。

（5）**实时更新**：通过 AI 编程，你可以设置定时任务，让脚本定期运行并更新图表，确保信息最新。结合云存储功能，团队成员随时随地都能访问最新图表。

通过 AI 编程，你可以轻松实现数据可视化，完全不需要手动折腾图表。无论是处理数据、生成图表，还是自动化更新，AI 编程都能帮你搞定。从此，你可以把更多时间花在分析数据和做出决策上，而不是被烦琐的图表制作拖累。AI 编程就是这么靠谱！

5.4.2 案例：自动整理学生的成绩报告

本案例讲的是老师如何通过 AI 编程自动整理学生的成绩报告，具体流程如图 5-32 所示。

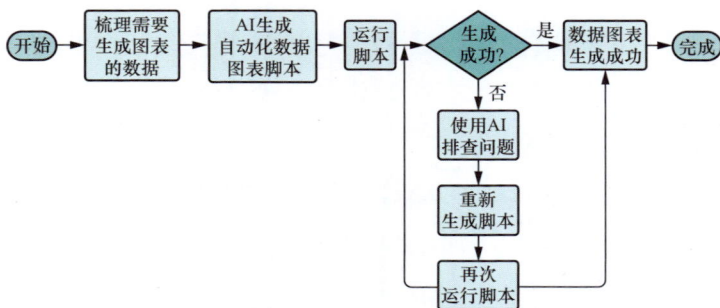

图 5-32　流程示意

让我们来看一个例子：阳光小学的李老师需要为每位学生的家长准备详细的成绩报告。以前，她得手动整理数据、制作图表，费时费力不说，还容易出错。但现在，她通过 AI 编程，轻松解决了这个问题。

李老师用 AI 编程生成 Python 脚本，自动读取包含学生成绩的 Excel 文件、清理数据，并生成多种类型的图表，展示每个学生的学习进展及与班级平均水平的对比。最后，执行 Python 脚本还可以把所有图表整合进一个 PDF 文档中，方便发送给家长。借助 AI 编程，李老师不仅节省了时间，还让成绩报告更加直观易懂，提升了与家长沟通的效果。

1. 梳理你要向 AI 提问的问题

现在，把你的需求告诉 AI。可以尝试先用你的背景问题、目标需求、现状与挑战，还有 AI 对应回答的具体要求来结构化梳理你的思路，并向 AI 提问。

（1）**背景问题。**

● 作为一名班主任，我需要为【每位学生的家长】准备【详细的成绩报告】，以反映孩子们的学习情况。

● 传统的手工制作成绩报告既【费时】又【容易出错】，且【表格难以直观展示学生的学习进展】。

（2）**目标需求。**

● 我希望通过【AI 编程】技术来【简化成绩报告的制作过程】。

● 理想情况下，可以【自动生成清晰、专业的可视化图表】，帮助家长更好地理解孩子的学习状况。

（3）**现状与挑战。**

● 目前依赖【手动编制成绩报告】，这个过程既【耗时】又容易出现【人为错误】。

● 传统的【表格形式】难以【直观展示学生的学习趋势】。

（4）具体要求。

请用【1、2、3 步骤】形式，【简明清晰】地指导我如何通过 Python 脚本实现【自动生成可视化图表】。由于我没有编程基础，因此我希望步骤【简单易懂】，便于快速上手执行。

2. 执行 AI 回答中的步骤

让我们按照 AI 的回答来试试看吧。

（1）安装必要的软件和库。

安装 Python：这一步我们就跳过吧，有需要的读者可以翻看前面的章节。

安装必要的库：打开命令提示符（Windows）或终端（macOS/Linux），然后运行以下命令来安装所需的 Python 库。

```Bash
pip install pandas matplotlib seaborn openpyxl
```

由于我预先安装过这些库，因此，这里会直接显示这些库的版本，如图 5-33 所示。

```
Requirement already satisfied: cycler>=0.10 in /opt/anaconda3/lib/python3.12/sit
e-packages (from matplotlib) (0.12.1)
Requirement already satisfied: fonttools>=4.22.0 in /opt/anaconda3/lib/python3.1
2/site-packages (from matplotlib) (4.55.3)
Requirement already satisfied: kiwisolver>=1.3.1 in /opt/anaconda3/lib/python3.1
2/site-packages (from matplotlib) (1.4.7)
Requirement already satisfied: packaging>=20.0 in /opt/anaconda3/lib/python3.12/
site-packages (from matplotlib) (24.2)
Requirement already satisfied: pillow>=8 in /opt/anaconda3/lib/python3.12/site-p
ackages (from matplotlib) (11.0.0)
Requirement already satisfied: pyparsing>=2.3.1 in /opt/anaconda3/lib/python3.12
/site-packages (from matplotlib) (3.2.0)
Requirement already satisfied: et-xmlfile in /opt/anaconda3/lib/python3.12/site-
packages (from openpyxl) (2.0.0)
Requirement already satisfied: six>=1.5 in /opt/anaconda3/lib/python3.12/site-pa
ckages (from python-dateutil>=2.8.2->pandas) (1.17.0)

[notice] A new release of pip is available: 24.3.1 -> 25.0.1
[notice] To update, run: pip install --upgrade pip
(base) caiyiwen@cyw-mbp16 ~ %
```

图 5-33　程序结果示意

（2）创建 Python 脚本。

打开文本编辑器（例如记事本），然后复制并粘贴下面提供的 Python
代码：

```Python
import pandas as pd
import matplotlib.pyplot as plt
import seaborn as sns
import os
from math import pi

# 加载数据
data = pd.read_excel('path_to_your_excel_file.xlsx')
# 替换为你的 Excel 文件路径
os.makedirs('student_reports', exist_ok=True)

# 绘图并保存
def plot_and_save(student_data, student_name, chart_type,
plot_func):
    plot_func(student_data)
    plt.title(f'{student_name} {chart_type}')
    plt.savefig(f'student_reports/{student_name}_
{chart_type}.png')
    plt.close()

# 图表函数：柱状图、折线图、雷达图
def bar_chart(student_data): sns.barplot(x='Subject',
y='Score', data=student_data)
def line_chart(student_data): sns.lineplot(x='Subject',
y='Score', data=student_data, marker='o')
def radar_chart(student_data):
    values = student_data['Score'].tolist() + [student_
data['Score'].iloc[0]]
    angles = [n / len(student_data['Subject']) * 2
* pi for n in range(len(student_data))]
    angles += angles[:1]
    ax = plt.subplot(111, polar=True)
```

```
    ax.plot(angles, values)
    ax.fill(angles, values, alpha=0.3)
    plt.xticks(angles[:-1], student_data['Subject'].
tolist())

# 遍历生成图表
for student_name in data['Student_Name'].unique():
    student_data = data[data['Student_Name'] == student_
name].sort_values(by='Subject')
    for chart_type, plot_func in [('bar_chart',
bar_chart), ('line_chart', line_chart), ('radar_chart',
radar_chart)]:
        plot_and_save(student_data, student_name,
chart_type, plot_func)

print("所有图表已成功生成！")
```

将代码保存在相应文件夹，命名为 generate_reports.py 文件。

将 path_to_your_excel_file.xls 文件更改为你的 Excel 文件路径。

若没有现成的学生成绩数据，可以寻求 AI 的帮助。我根据 AI 的步骤运行出了一份学生成绩数据，如图 5-34 所示。

```
• (base) caiyiwen@cyw-mbp16 5.4 % python generate_reports.py
    Student_Name    Subject  Score
  0  Rachel Cannon       Math     96
  1  Rachel Cannon    Physics     94
  2  Rachel Cannon  Chemistry     70
  3  Rachel Cannon    Biology     79
  4  Rachel Cannon    History     57
所有图表已成功生成！
○ (base) caiyiwen@cyw-mbp16 5.4 %
```

图 5-34　虚拟学生成绩数据示意

3. 运行自动生成图表脚本

为了顺利运行自动生成图表脚本，接下来需要执行一些操作。我们要定位到存储脚本的文件夹，然后运行脚本。以下是具体操作步骤。

（1）打开命令提示符或终端，导航到你保存 generate_report.py 文件的位置。可以使用 cd 命令更改当前目录，例如“cd desktop/ 秒懂 AI/ 第 5 章 /5.4”，如图 5-35 所示。

```
(base) caiyiwen@cyw-mbp16 ~ % cd desktop/秒懂AI/第 5 章/5.4
(base) caiyiwen@cyw-mbp16 5.4 %
```

图 5–35　文件导航示意

（2）输入以下命令运行脚本：

```
Bash
python generate_reports.py
```

运行成功啦，程序运行成功如图 5–36 和图 5–37 所示。

```
(base) caiyiwen@cyw-mbp16 5.4 % python generate_reports.py
    Student_Name    Subject  Score
0  Rachel Cannon       Math     96
1  Rachel Cannon    Physics     94
2  Rachel Cannon  Chemistry     70
3  Rachel Cannon    Biology     79
4  Rachel Cannon    History     57
所有图表已成功生成！
(base) caiyiwen@cyw-mbp16 5.4 %
```

图 5–36　程序运行成功示意（1）

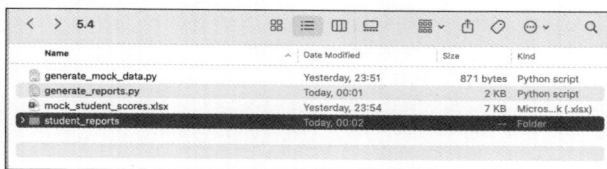

图 5–37　程序运行成功示意（2）

在文件夹中，具体的某一学生的成绩图表，如图 5–38 所示。

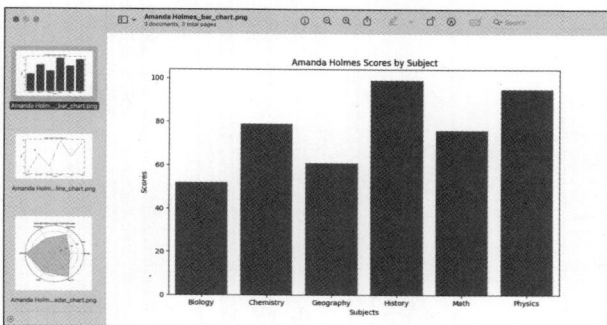

图 5–38　程序运行成功示意（3）

第 6 章

用 AI 编程实现办公自动化，
提升团队协作与效率

自动化数据处理让我们从烦琐的任务中解放出来，但在实际工作中，团队协作和办公自动化同样重要。如何用 AI 提升团队沟通效率？如何自动化任务分配与提醒？本章我们将深入探索 AI 在办公自动化中的应用，让团队协作更高效！

6.1 飞书与企业微信自动化：用 AI 编程提升团队沟通与协作效率

在现代工作环境中，高效的团队沟通和文件共享对于项目的顺利推进至关重要。想象一下，如果能够自动化这些流程——从文件发送到定时提醒，再到动态内容生成，将会极大提升工作效率和团队协作体验。接下来，我们将探讨如何利用 AI 编程实现飞书和企业微信的自动化操作，让你的工作更加高效、便捷。

6.1.1 信息速递，AI 给力

在日常工作中，团队之间的文件共享是家常便饭：项目计划、会议纪要、重要资料……每次手动操作不仅耗时，还容易出错。尤其是当任务重复时，这种枯燥的流程简直让人抓狂。现在，我们可以通过 AI 编程，实现这些任务的自动化处理，彻底解放双手！

比如，你可以编写一个小工具，让它自动把文件发送到团队的飞书或企业微信群中。你只需要准备好文件，单击"运行"按钮，剩下的就交给计算机吧！整个过程无须人工干预，既省心又高效。是不是听起来就很爽？

自动发送文件主要有以下几点好处。

（1）**节省时间**：不用每次都手动操作，几秒内就能搞定。

（2）**避免错误**：计算机不会像人一样"手滑"，误发文件的风险大大降低。

（3）**提高效率**：把这些琐碎的任务交给计算机，你可以专注于更重要的事情。

而 AI 编程的潜力远不止于此，在智能化办公方面，还能实现更智能的自动化场景。

（1）**定时提醒**：每天早上自动发送当天的任务清单，帮助团队成员明确目标。再也不用担心有人忘记开会或漏掉任务了！

（2）**批量操作**：一次性向多个群组发送相同的信息，不用人工来回切换群聊，效率直接翻倍。

（3）**动态内容生成**：实时生成报告或表格，并自动发送给相关人员。比如，每天下午 5 点自动生成销售数据报告，发送给管理层，确保数据及时更新。

6.1.2 案例：自动发送文件或信息

本案例讲的是通过 AI 编程自动发送文件或信息，具体流程如图 6-1 所示。

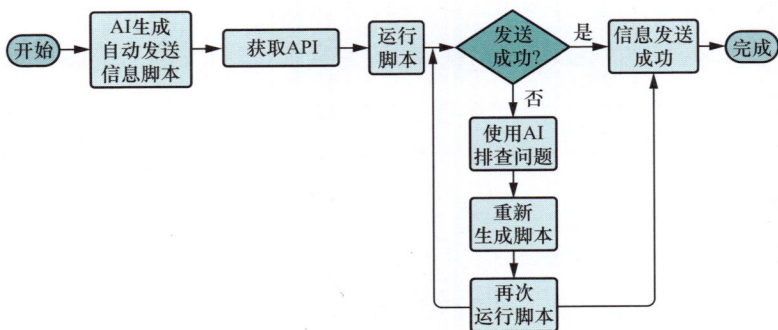

图 6-1 流程示意

小王的团队每天需要共享大量的项目文件和会议纪要。以前，他得手动把文件一个个发到群里，不仅费时，还经常漏发。后来，他用 AI 编程写了一个脚本，自动把文件发送到飞书群。现在，他只需要把文件放到指定文件夹，脚本就会自动完成剩下的工作。不仅如此，他还设置了定时提醒功能，每天早上 9 点自动发送当天的任务清单，团队成员再也不会忘记重要事项了！

1. 梳理你要向 AI 提问的问题

现在，把你的需求告诉 AI。可以尝试先用你的背景问题、目标需求、现状与挑战，还有 AI 对应回答的具体要求来结构化梳理你的思路，并向 AI 提问。

（1）**背景问题。**

● 在日常工作中，团队成员之间频繁进行【文件共享和信息传递】，大多依赖于【手动操作】。

● 处理【重复性任务】时，低效的工作流程成为提高效率的一大障碍。需要减少【手动操作的时间和精力消耗】。

（2）**目标需求。**

● 希望通过【AI 编程】实现【飞书与企业微信的自动化操作】，提升【团队沟通与协作效率】。

● 具体目标是能够自动完成【文件发送、定时提醒、批量消息发送】等任务，让团队成员摆脱烦琐的手动操作，专注于更重要的工作。

（3）**现状与挑战。**

● 目前，大多数团队仍依赖【传统的人工方式】来进行文件共享和信息传递，每次都需要【手动选择文件、输入接收者信息】等步骤。

● 这种方式不仅【浪费时间】，还容易【出错】，特别是在处理大量重复任务时，极大地影响了【团队效率】和【工作满意度】。

（4）**具体要求。**

● 请用【1、2、3 步骤】形式，【简明清晰】地指导我如何通过

Python 脚本实现【飞书与企业微信的自动化文件发送】。由于我没有编程基础，因此我希望步骤【简明易懂】，便于快速上手执行。

2. 执行 AI 回答中的步骤

让我们按照 AI 的回答来试试看吧。

（1）安装必要的软件和库。

安装 Python：这一步我们就跳过吧，有需要的读者可以翻看前面的章节。

安装必要的库：打开命令提示符（Windows）或终端（macOS/Linux），然后运行以下命令来安装所需的 Python 库。

```Bash
pip install requests
```

程序结果如图 6-2 所示。

```
(base) caiyiwen@cyw-mbp16 ~ % pip install requests
Requirement already satisfied: requests in /opt/anaconda3/lib/python3.12/site-pa
ckages (2.32.3)
Requirement already satisfied: charset-normalizer<4,>=2 in /opt/anaconda3/lib/py
thon3.12/site-packages (from requests) (3.4.0)
Requirement already satisfied: idna<4,>=2.5 in /opt/anaconda3/lib/python3.12/sit
e-packages (from requests) (3.10)
Requirement already satisfied: urllib3<3,>=1.21.1 in /opt/anaconda3/lib/python3.
12/site-packages (from requests) (2.3.0)
Requirement already satisfied: certifi>=2017.4.17 in /opt/anaconda3/lib/python3.
12/site-packages (from requests) (2025.1.31)

[notice] A new release of pip is available: 24.3.1 -> 25.0.1
[notice] To update, run: pip install --upgrade pip
(base) caiyiwen@cyw-mbp16 ~ %
```

图 6-2　程序结果示意

（2）创建 Python 脚本。

打开文本编辑器（例如记事本），然后复制并粘贴下面提供的 Python 代码。

```Python
import requests
```

```python
# 配置信息
FEISHU_APP_ID = 'your_feishu_app_id'
FEISHU_APP_SECRET = 'your_feishu_app_secret'
FEISHU_CHAT_ID = 'your_feishu_chat_id'

# 获取租户的 Access Token
def get_token():
    url="https://open.feishu.cn/open-apis/auth/v3/tenant_
access_token/internal/"
    return requests.post(url, json={"app_id": FEISHU_APP_
ID, "app_secret": FEISHU_APP_SECRET}).json().get('tenant_
access_token')

# 上传文件到飞书
def upload_file(token, file_path):
    with open(file_path, 'rb') as f:
        response = requests.post(
            "https://open.feishu.cn/open-apis/im/v1/files",
            headers={'Authorization': f'Bearer {token}'},
            files={'file': f},
            data={'file_name': 'test.docx', 'file_type':
'docx'}
        )
    return response.json().get('data', {}).get('file_key')

# 发送消息到飞书
def send_message(token, chat_id, content):
    data = {"chat_id": chat_id, "msg_type": "text",
"content": {"text": content}}
    requests.post("https://open.feishu.cn/open-apis
/message/v4/send/", json=data, headers={'Authorization':
f'Bearer {token}', 'Content-Type': 'application/json'})

# 主逻辑
if __name__ == "__main__":
    token = get_token()
    if not token:
        exit()
```

```
file_path = 'path/to/your/file.docx'  # 文件路径
file_key = upload_file(token, file_path)
download_link = f"https://example.com/download?file_
key={file_key}" if file_key else "文件上传失败"

send_message(token, FEISHU_CHAT_ID, download_link)
```

请注意：以下是需要替换的参数 list。

● platform：选择的平台（例如：feishu 或 wecom）。

● file_path：要上传的文件路径（例如：/Users/yourname/Documents/report.pdf）。

● app_id：飞书 App ID（仅当选择飞书时需要）。

● app_secret：飞书 App Secret（仅当选择飞书时需要）。

● corp_id：企业微信 CorpID（仅当选择企业微信时需要）。

● secret：企业微信 Secret（仅当选择企业微信时需要）。

将该文件保存为 multi_platform_upload.py。

（3）飞书与企微相关参数获取。

获取飞书和企业微信的相关参数需要在各自的开放平台注册应用，获取必要的凭证和密钥，然后通过调用相应的 API 接口获取所需的用户信息、群组信息、部门信息等详细参数。这些参数可以用于进一步地开发和集成，满足更高效的企业办公和通信需求。接下来，我们将详细介绍如何获取飞书和企业微信的相关参数。

首先，在飞书上需要做以下工作。

1）注册成为飞书开发者。首先，访问飞书开放平台，如图 6-3 所示，按提示注册账号。

图 6-3　飞书开放平台示意

2）创建应用。单击"开发者后台"按钮，进入开发者后台。在开发者后台首页，单击"创建企业自建应用"按钮，弹出"创建企业自建应用"对话框，如图 6-4 所示。在对话框中填写应用的基本信息，包括应用名称、应用描述、应用图标等。最后，单击"创建"按钮完成应用创建。

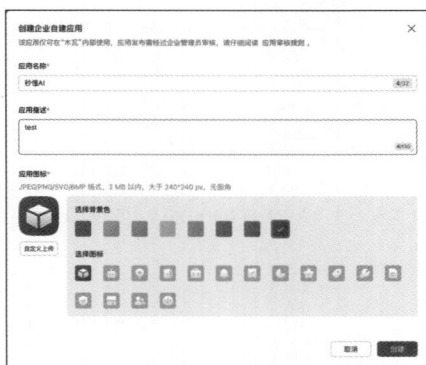

图 6-4　飞书创建企业自建应用示意

3）配置相关权限。首先，单击左侧菜单栏的"权限管理"按钮，如图 6-5 所示，跳转至"权限管理"界面。

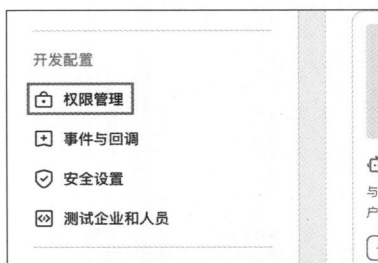

图 6-5 "开发配置"选项栏示意

然后，在对应页面中，单击"开通权限"按钮。在"开通权限"页面的搜索框内搜索想要开通的权限，或者在左侧菜单栏选择你要开通权限的类别，然后勾选对应的"权限名称"选项，如图 6-6 所示。

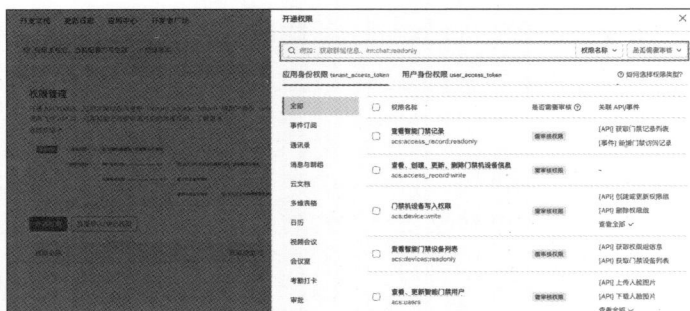

图 6-6 "开通权限"页面示意

最后，单击右下角的"确认开通权限"按钮，如图 6-7 所示。

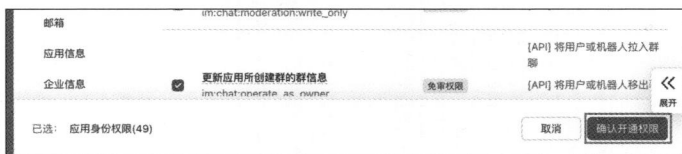

图 6-7 飞书全线开通示意

4）发布应用。单击页面右上角的"创建版本"按钮，如图 6-8 所示。单击按钮后将跳转至"版本详情"界面。

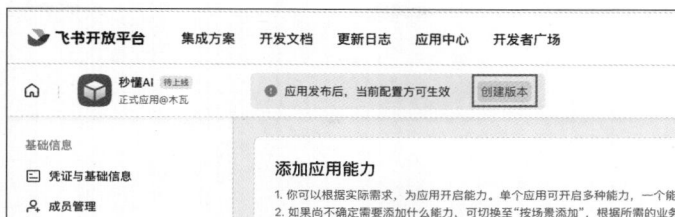

图 6-8　飞书应用创建版本示意

在弹出的页面中输入应用版本号和更新说明，如图 6-9 所示。最后，单击"保存"按钮。

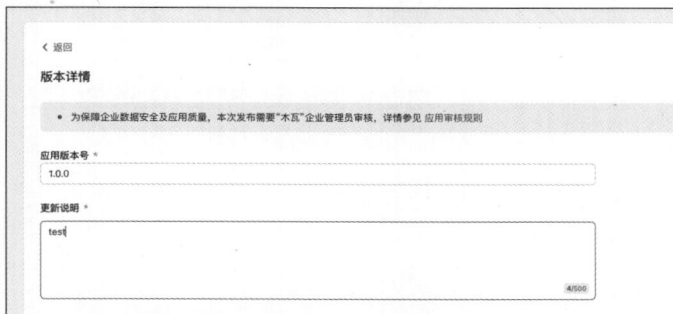

图 6-9　飞书版本详情示意

单击"保存"按钮后，会弹出"确认提交发布申请？"弹窗，如图 6-10 所示。单击"确认发布"按钮，完成版本的发布。

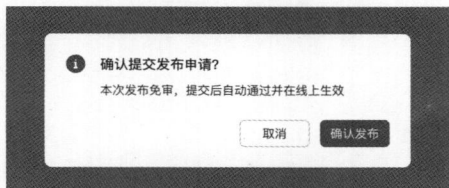

图 6-10　飞书提交版本发布申请示意

5）审核版本，并发布。由飞书企业管理员打开飞书 App，单击"管理后台"选项，如图 6-11 所示。

图 6-11 飞书管理后台示意

6）在业务待办模块，找到待审核的应用，单击"前往审核"，如图 6-12 所示。

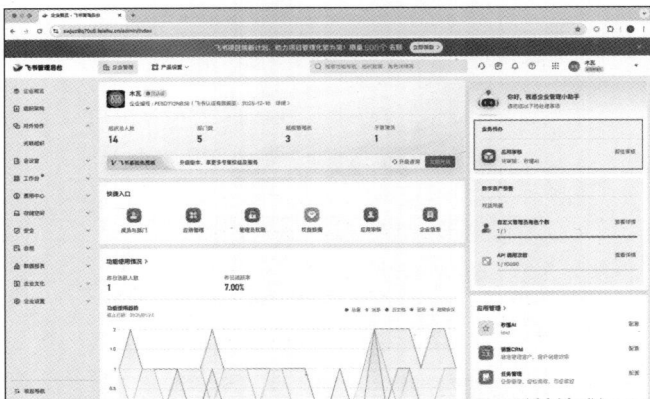

图 6-12 飞书应用审核示意

单击"通过"按钮，通过该应用的审核，如图 6–13 所示。

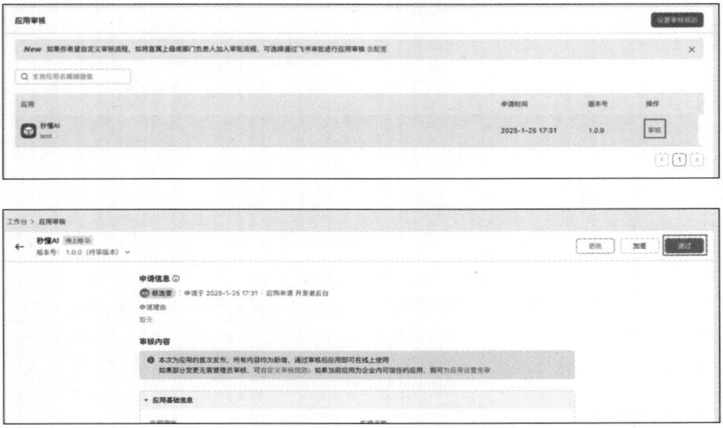

图 6–13 飞书通过应用审核示意

7）在应用详情页面左侧菜单中，选择"凭证与基础信息"选项，获取凭证信息，如图 6–14 所示。在这里，你可以找到 App ID 和 App Secret 这两个参数，其用于调用飞书 API 的身份验证凭据。

图 6–14 飞书获取凭证信息示意

8）保存凭证信息，将显示的 App ID 和 App Secret 复制并妥善保存，它们将在后续开发过程中使用。另外，在企业微信上需要做以下工作。

打开企业微信官网（见图 6-15），使用你的企业微信管理员账号登录企业微信管理后台。如果没有账号，请先注册一个新账号，并确保你拥有管理员权限。

图 6-15　企业微信官网示意

登录后，在顶部菜单中找到并单击"应用管理"选项，如图 6-16所示，进入"应用管理"页面。

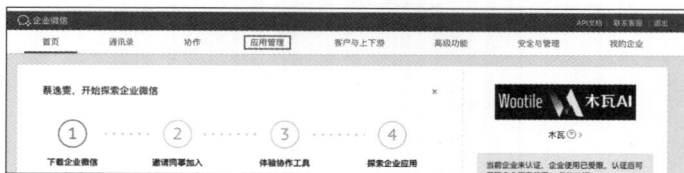

图 6-16　企业微信应用管理示意

在应用菜单栏中找到并单击"创建应用"选项，如图 6-17 所示。

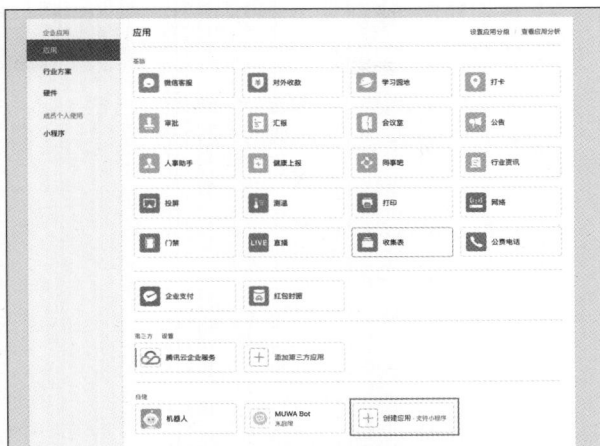

图 6-17　企业微信创建应用示意

填写应用的基本信息，包括应用名称、应用介绍等，然后单击"创建应用"选项，如图 6-18 所示，完成应用创建。

图 6-18　企业微信创建应用信息填写示意

创建应用成功后，系统会自动跳转到该应用的详情页面；如果未跳转，可以在"应用管理"列表中找到并单击你的应用名称进入详情页，如图 6-19 所示。

图 6-19　企业微信自建应用页面示意

在应用详情页面中，找到并保存 "AgentId" 和 "Secret" 信息，如图 6-20 所示，它们将在后续开发过程中使用。

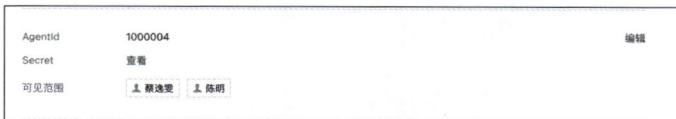

图 6-20　企业微信 "AgentId" 与 "Secret" 信息示意

3. 运行发送文件到飞书 / 企业微信的脚本

为了顺利运行发送文件到飞书 / 企业微信的脚本，接下来需要执行一些操作。我们要定位到存储脚本的文件夹，然后运行脚本。以下是具体操作步骤。

（1）**打开命令提示符或终端**，导航到你保存 multi_platform_upload.py 文件的位置。可以使用 cd 命令更改当前目录，如图 6-21 所示，例如

"cd desktop/ 秒懂 AI/ 第 6 章 /6.1"。

```
[(base) caiyiwen@cyw-mbp16 ~ % cd desktop/秒懂AI/第 6 章 /6.1
(base) caiyiwen@cyw-mbp16 6.1 %
```

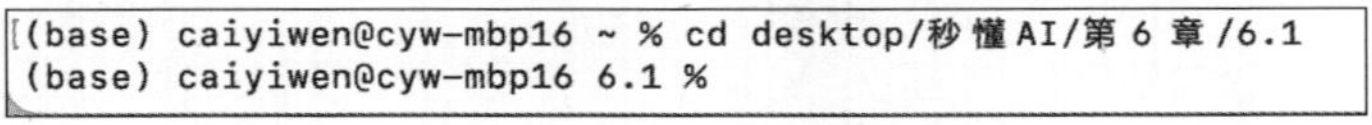

图 6-21　文件导航示意

（2）输入以下命令运行脚本：

```Bash
Bash
python multi_platform_upload.py
```

运行成功啦，我们先来看文件发送到飞书的运行结果，如图 6-22
所示。

● 红色方框内是文件发送成功的运行结果；

● 绿色方框内是信息发送成功的运行结果。

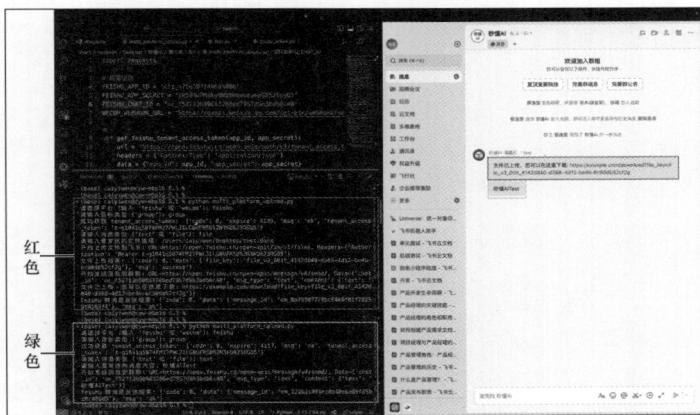

图 6-22　程序飞书运行成功结果示意

下面是文件发送到企业微信的运行结果，如图 6-23 所示。

● 红色方框内是文件发送成功的运行结果；

● 绿色方框内是信息发送成功的运行结果。

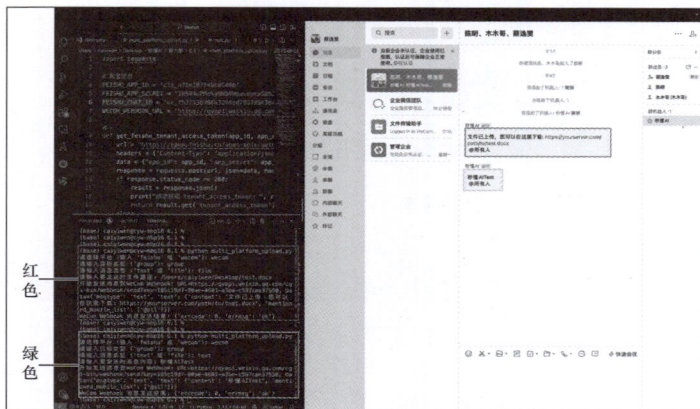

图 6-23　程序企业微信运行成功结果示意

6.2　自动生成并发送会议纪要：AI 让协作工具更智能，工作更轻松

在工作中，无论是生成报告、编写通知还是整理会议纪要，自动化创建文档和发送消息都是提升工作效率的关键。想象一下，只需简单设置，就能让系统自动完成从内容生成到分发的全过程，这将极大减少重复劳动，让你能够专注于更具价值的工作任务。借助 AI 编程，这一切不仅成为可能，而且变得更加智能和高效。接下来，我们将通过具体的案例——自动生成并发送会议纪要，来展示如何利用 AI 编程简化日常工作流程，提高团队协作效率。

6.2.1　AI 助力，会议纪要秒生成

在现代职场中，开会如同家常便饭，难以避免。无论是讨论项目进

展、解决问题，还是规划下一步工作，会议都是确保项目顺利推进的关键环节。然而，会议结束后整理和分发会议记录却是个让人头大的任务，简直比开会本身还累！

　　想象一下：每次开完会，总得有个人扮演"会议记录侠"的角色，花 1 ～ 2 个小时整理会议纪要，再通过邮件或即时通信工具发给所有人。这不仅耗时费力，还容易漏掉重要信息。更糟的是，等会议纪要终于发出时，大家可能已经忙别地去了，导致反馈滞后。而且，不同人整理的会议纪要格式和内容可能五花八门，查阅起来简直是一场"寻宝游戏"。

　　有些团队尝试用飞书、企业微信等协作工具来记录会议内容，虽然有点帮助，但仍然需要人工进行大量整理和分发工作，远远不能满足团队的需求。

　　面对这些问题，我们找到了一个更好的解决方案——用 AI 编程来自动处理会议总结和行动项。具体来说，就是通过编写脚本，让系统自动从会议记录中提取关键信息，生成详细的会议总结，并及时发送给所有参会人员。这样做的好处可太多了：

　　（1）**节省时间**：不用再当"会议记录侠"了，AI 编程帮你搞定，大家可以专注干更重要的事情。

　　（2）**提高准确性**：确保每次会议的关键信息（如讨论点、决策事项、行动项）都能被准确记录和传达，避免遗漏。

　　（3）**增强协作**：会议一结束，参会人员就能立即收到详细的会议总结，快速了解最新进展，促进团队无缝协作。再也不用担心有人问："刚才会上说了啥？"

　　（4）**简化流程**：自动化处理简化了烦琐的信息管理流程，让团队运作更加顺畅。从此，会议总结不再是"负担"，而是"秒出"的轻松活儿。

（5）**智能化处理：**自动识别和提取会议记录中的关键信息，生成结构化的报告。AI 编程就像个"会议小秘书"，帮你把会议内容整理得井井有条。

6.2.2 案例：自动生成并发送会议纪要

本案例讲的是如何通过 AI 编程自动生成会议纪要并发送消息至飞书或微信，具体流程如图 6-24 所示。

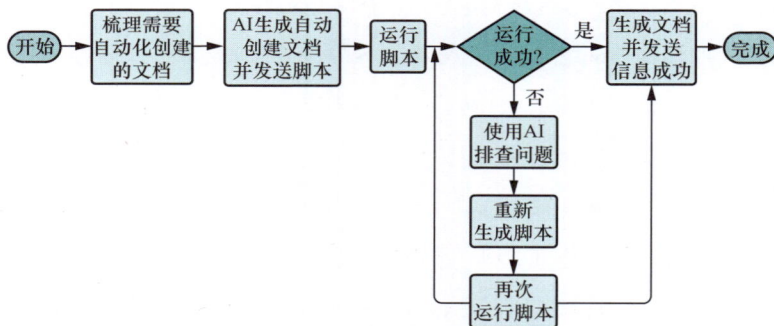

图 6-24 流程示意

（1）**语音转文字：**先用讯飞之类的工具将会议录音转换成文字记录，生成会议文本。这一步可以手动完成，也可以写个脚本调用讯飞的 API 自动生成文本。

（2）**关键信息提取：**通过 AI 编程编写脚本自动识别会议文本中的关键信息，比如讨论点、决策事项、行动事项等。

（3）**生成会议总结：**用 AI 编程生成代码框架，将提取的关键信息整理成结构化的会议总结，包括会议主题、讨论内容、决策结果和后续任务。

（4）**自动分发：**将生成的会议总结通过邮件或即时通信工具（如飞

书、企业微信）发送给所有参会人员。这一步可以调用相关平台的 API
实现自动化。

1. 梳理你要向 AI 提问的问题

现在，把你的需求告诉 AI。可以尝试先用你的背景问题、目标需求、
现状与挑战，还有 AI 对应回答的具体要求来结构化梳理你的思路，并
向 AI 提问。

（1）背景问题。

● 在现代职场中，【团队定期开会】讨论项目进展非常重要，但【会
后整理和分发会议记录】常常【耗时费力】，容易【遗漏重要信息】，且
【格式不一致】，导致查阅不便。

● 虽然使用【飞书、企业微信】等工具记录会议内容，但仍需要【大
量人工操作】，且【功能有限】，无法完全满足需求。

（2）目标需求。

● 我希望利用【AI 编程】技术，自动从【会议记录中提取关键信
息】，并生成【详细的会议总结】，及时发送给【所有参会人员】。

● 这个自动化工具将帮助【加快信息传递速度】，确保每个人都能
【准确了解会议内容】，提高团队工作效率。

（3）现状与挑战。

● 目前大多数团队仍依赖【人工整理会议记录】，存在【效率低】和
【格式不一致】的问题。

● 现有工具如飞书、企业微信虽然能记录内容，但【无法实现完全
自动化】的信息提取和分发。

（4）具体要求。

请用【1、2、3 步骤】形式，【简要清晰】地指导我如何通过 Python

脚本实现以下功能。

● 从会议记录中【自动提取关键信息】并生成会议纪要。

● 将纪要【自动发送至飞书】。

● 将纪要【自动发送至企业微信】。

2. 执行 AI 回答中的步骤

让我们按照 AI 的回答来试试看吧。

（1）安装必要的软件和库。

安装 Python：这一步我们就跳过吧，有需要的读者可以翻看前面的章节。

安装必要的库：打开命令提示符（Windows）或终端（macOS/Linux），然后运行以下命令来安装所需的 Python 库：

```Bash
pip install lark-oapi requests transformers torch python-docx
```

程序结果如图 6-25 所示。

```
Requirement already satisfied: setuptools in /opt/anaconda3/lib/python3.12/site-
packages (from torch) (75.7.0)
Requirement already satisfied: sympy==1.13.1 in /opt/anaconda3/lib/python3.12/si
te-packages (from torch) (1.13.1)
Requirement already satisfied: mpmath<1.4,>=1.1.0 in /opt/anaconda3/lib/python3.
12/site-packages (from sympy==1.13.1->torch) (1.3.0)
Requirement already satisfied: lxml>=3.1.0 in /opt/anaconda3/lib/python3.12/site
-packages (from python-docx) (5.3.0)
Requirement already satisfied: anyio in /opt/anaconda3/lib/python3.12/site-packa
ges (from httpx->lark-oapi) (4.7.0)
Requirement already satisfied: httpcore==1.* in /opt/anaconda3/lib/python3.12/si
te-packages (from httpx->lark-oapi) (1.0.7)
Requirement already satisfied: h11<0.15,>=0.13 in /opt/anaconda3/lib/python3.12/
site-packages (from httpcore==1.*->httpx->lark-oapi) (0.14.0)
Requirement already satisfied: MarkupSafe>=2.0 in /opt/anaconda3/lib/python3.12/
site-packages (from jinja2->torch) (3.0.2)
Requirement already satisfied: sniffio>=1.1 in /opt/anaconda3/lib/python3.12/sit
e-packages (from anyio->httpx->lark-oapi) (1.3.1)

[notice] A new release of pip is available: 24.3.1 -> 25.0.1
[notice] To update, run: pip install --upgrade pip
(base) caiyiwen@cyw-mbp16 ~ %
```

图 6-25　程序结果示意

（2）创建 Python 脚本。

打开文本编辑器（例如记事本），然后复制并粘贴下面提供的 Python 代码。

```Python
import requests
from docx import Document
import os

def get_token(app_id, app_secret):
    """ 获取飞书访问令牌 """
    response = requests.post("https://open.feishu.cn/
open-apis/auth/v3/tenant_access_token/internal/",
json={"app_id": app_id, "app_secret": app_secret})
    return response.json().get('tenant_access_token')

def generate_summary(docx_path):
    """ 从文档生成摘要并保存 """
    doc = Document(docx_path)
    summary_path = docx_path.replace(".docx", "_摘要.docx")
    summary_doc = Document()
    for para in doc.paragraphs:
        if para.text.strip():
            summary_doc.add_paragraph(para.text)
    summary_doc.save(summary_path)
    return summary_path

def upload_and_send(file_path, token, chat_id):
    """ 上传文件并发送消息 """
    with open(file_path, 'rb') as file:
        response = requests.post("https://open.feishu.
cn/open-apis/im/v1/files", headers={'Authorization':
 f'Bearer {token}'}, files={'file': file})
        content = f"https://example.com/download?
file_key={response.json().get('data', {}).get('file_key')}"
if response.ok else " 文件上传失败 "
    requests.post("https://open.feishu.
```

```
cn/open-apis/message/v4/send/", json={"chat_id":
chat_id, "msg_type": "text", "content":
{"text": content}}, headers={'Authorization': f'Bearer
{token}'})
```

将代码保存在相应文件夹，命名为 MeetingSummarySender.py。

3. 运行自动创建文档并发送文件到飞书 / 企业微信的脚本

为了顺利运行自动创建文档并发送文件到飞书 / 企业微信的脚本，接下来需要执行一些操作。我们要定位到存储脚本的文件夹，然后运行脚本。以下是具体操作步骤。

（1）打开命令提示符或终端，导航到保存 MeetingSummarySender.py 文件的位置。可以使用 cd 命令更改当前目录，例如 "cd desktop/ 秒懂 AI/ 第 6 章 /6.2"，如图 6-26 所示。

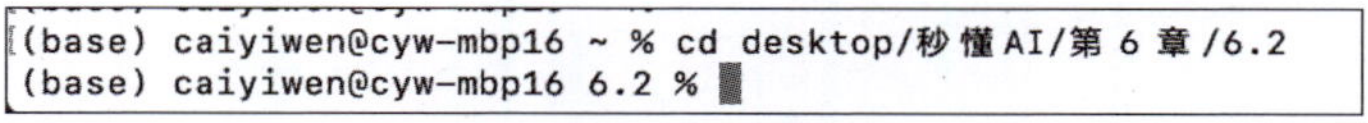

图 6-26 文件导航示意

（2）输入以下命令运行脚本：

```Bash
python MeetingSummarySender.py
```

运行成功啦。

飞书运行结果，如图 6-27 所示。

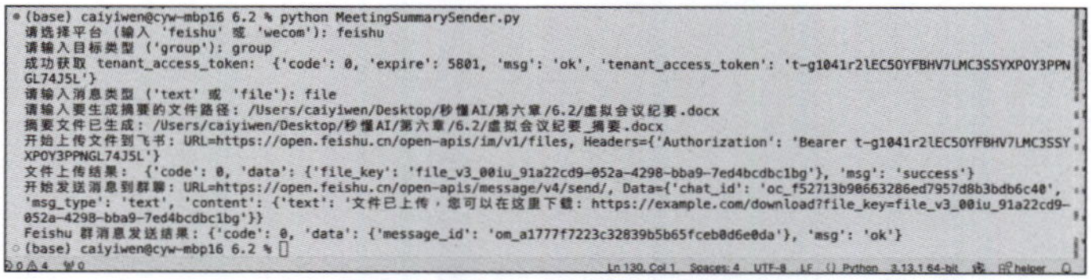

图 6-27 飞书运行结果示意

微信运行结果如图 6-28 所示。

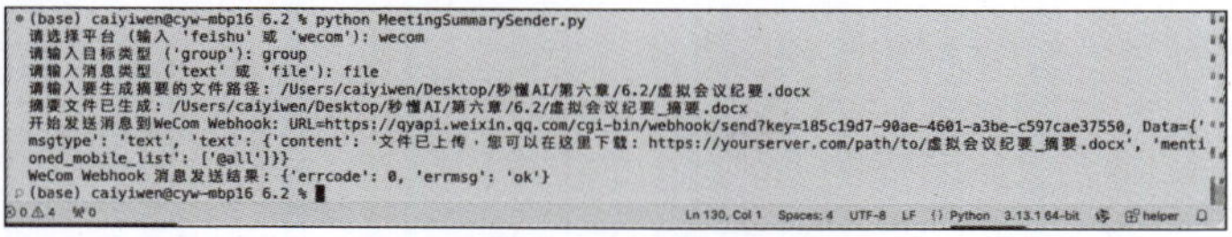

图 6-28　微信运行结果示意

运行成功后，在你指定位置会生成一个会议纪要的摘要文件，如图 6-29 所示。

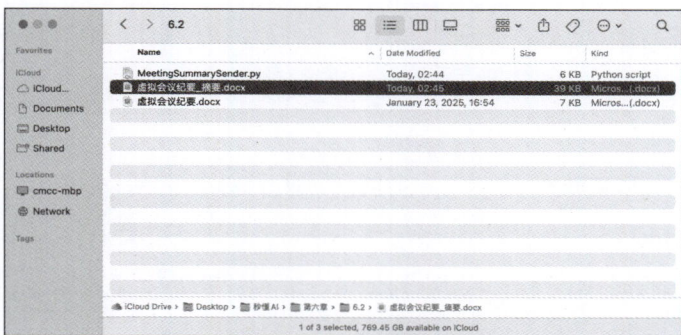

图 6-29　程序运行成功结果示意

6.3　自动化日程管理与任务提醒：用 AI 脚本优化工作安排

利用 AI 技术，我们可以轻松实现日程安排和任务提醒的自动化，极大地提升工作效率。接下来，我们将探讨如何通过 AI 编程创建个性化的日程安排，并设置智能的任务提醒。例如，自动生成并发送定制化的会议和任务提醒，让你的时间管理更加科学有序，彻底告别手动安排日程的烦琐与不便。

6.3.1 AI 编程巧规划，效率大步跨

在当今快节奏的生活中，无论是工作还是学习，时间管理都是提升效率的关键，同时也能有效减少压力。然而，传统的时间管理方法，不仅耗时费力，还容易出错。比如，你可能会忘记一个重要会议，或者把任务拖到最后一刻才开始赶工，结果手忙脚乱。别担心，AI 编程来帮忙了！通过 AI 编程，我们可以打造个性化的自动化工具，帮你优化日程安排，以及设置任务提醒，确保重要的会议、作业和截止日期不再被遗忘。

1. 优化日程安排

（1）**收集数据**：收集一段时间内的日程数据，包括会议安排、任务完成情况、学习计划以及影响效率的因素（比如休息时间和高效时段）。这些数据是 AI 分析的基础，这就像在给 AI "喂饭"，数据越多，它越聪明。

（2）**分析模式**：分析你的工作和学习模式。比如，如果你发现晚上学习效率最高，自动化工具就会建议你把重要的复习任务安排在晚上，并避免在这个时段安排不必要的社交活动。毕竟，晚上的你是 "学霸"，白天的你可能只是个 "睡神"。

（3）**生成个性化建议**：根据分析结果，该工具会自动生成优化的日程安排建议，帮你把时间用在刀刃上。从此，你再也不用为 "今天该干啥" 发愁了！

（4）**个性化任务提醒**：让该工具成为你的 "时间管家"。

2. 设置任务提醒

除了优化日程，AI 编程还可以帮你定制个性化的任务提醒系统。

● 如果你有一个项目评审会议定在周五下午 3 点，该工具会根据你的行为模式，在距离会议开始半小时（比如 2 点半）时，自动提醒你准备资料。再也不用担心开会前手忙脚乱找文件了！

● 如果你有一篇论文截止日期是下周一，该工具会提前几天提醒你："亲，论文快到期了哦～"并在论文提交截止的前一天疯狂"轰炸"你，直到你完成任务。

● 如果任务时间有变动，该工具还会自动更新提醒时间，确保你始终掌握最新信息。它就像个贴心的"小秘书"，时刻为你保驾护航。

3. 实际应用示例：工作与学习的双重管理

假设你是一个既要工作又要学习的"时间管理战士"，你可以利用 AI 编程，打造个性化的时间管理工具，帮你同时管理工作和学习任务。

● 对于工作任务，该工具可以设置提前一天和提前一小时的提醒，像闹钟一样准时"轰炸"你，直到你完成任务。

● 对于学习任务，该工具会根据你的学习进度自动调整提醒频率。如果你按时完成任务，它会温柔地提醒你："你真棒！继续保持哦～"如果你拖延，它会增加提醒频率，直到你"投降"为止。

该工具还会根据你的反馈调整提醒方式：如果你喜欢文字提醒，它就发消息；如果你喜欢语音提醒，它就直接"喊"你。

6.3.2　案例：自动化日程管理

本案例讲的是如何通过 AI 编程实现自动化日程管理，具体流程如图 6-30 所示。

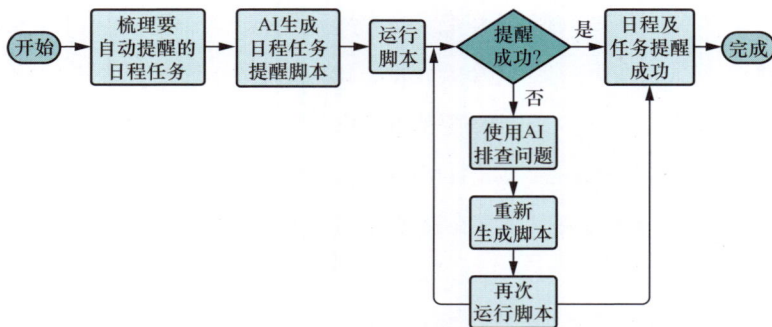

图 6-30　流程示意

通过 AI 编程，你可以轻松打造个性化的时间管理工具，彻底告别手动安排日程的烦恼。无论是工作还是学习，AI 编程都能帮你搞定。你不需要成为编程高手，只需掌握一些基本的 AI 编程技巧，就能为自己定制实用的工具，大大提升效率和幸福感。

1. 梳理你要向 AI 提问的问题

现在，把你的需求告诉 AI。可以尝试先用你的背景问题、目标需求、现状与挑战，还有 AI 对应回答的具体要求来结构化梳理你的思路，并向 AI 提问。

（1）背景问题。

● 在忙碌的工作和生活中，大家都希望能够更高效地【管理时间】，确保每个重要的【会议和任务】都能按时完成。

● 然而，【手动调整日程和任务安排】耗时且容易出错。现有的工具虽然提供了一些帮助，但【缺乏灵活性和个性化设置】，无法满足个人的独特需求。

（2）目标需求。

● 我希望通过【AI 编程】技术，实现【日程管理和任务提醒的自动

化 】，使日常工作更加【高效有序 】。

● 具体来说，我希望能够创建一个【自动优化日程的系统 】，并定制一套更【灵活且贴心的任务提醒机制 】，根据我的工作模式进行调整。

（3）现状与挑战。

● 尽管市面上有许多日程管理和任务提醒工具，但它们通常【无法完全适应个人需求和工作习惯 】，无法提供个性化的调整。

● 手动调整这些安排既费时又容易出错，导致【工作效率低下 】。

（4）具体要求。

我不懂编程。请用【1、2、3 步骤 】形式，【简明清晰 】地指导我如何通过 Python 脚本实现自动化日程管理和任务提醒，并尽量简化步骤，方便理解与操作。

2. 执行 AI 回答中的步骤

让我们按照 AI 的回答来试试看吧。

（1）安装必要的软件和库。

安装 Python：这一步我们就跳过吧，有需要的读者可以翻看前面的章节。

安装必要的库：打开命令提示符（Windows）或终端（macOS/Linux），然后运行以下命令来安装所需的 Python 库。

```Bash
pip install pyobjc
```

程序结果如图 6-31 所示。

```
Requirement already satisfied: pyobjc-framework-Vision==11.0 in /opt/anaconda3/l
ib/python3.12/site-packages (from pyobjc) (11.0)
Requirement already satisfied: pyobjc-framework-iTunesLibrary==11.0 in /opt/anac
onda3/lib/python3.12/site-packages (from pyobjc) (11.0)
Downloading pyobjc_framework_BrowserEngineKit-11.0-cp312-cp312-macosx_10_13_univ
ersal2.whl (10 kB)
Downloading pyobjc_framework_DeviceDiscoveryExtension-11.0-py3-none-any.whl (4.3
 kB)
Downloading pyobjc_framework_MediaExtension-11.0-cp312-cp312-macosx_10_13_univer
sal2.whl (39 kB)
Installing collected packages: pyobjc-framework-DeviceDiscoveryExtension, pyobjc
-framework-BrowserEngineKit, pyobjc-framework-MediaExtension
Successfully installed pyobjc-framework-BrowserEngineKit-11.0 pyobjc-framework-D
eviceDiscoveryExtension-11.0 pyobjc-framework-MediaExtension-11.0

[notice] A new release of pip is available: 24.3.1 -> 25.0.1
[notice] To update, run: pip install --upgrade pip
(base) caiyiwen@cyw-mbp16 ~ %
```

图 6-31　程序结果示意

（2）创建 Python 脚本。

打开文本编辑器（例如记事本），然后复制并粘贴下面提供的
Python 代码。

```Python
import pandas as pd
from datetime import datetime, timedelta
import subprocess

def convert_date(date_str):
    return datetime.strptime(date_str, "%Y-%m-%d
%H:%M:%S").replace(year=2025, day=28)

def add_to_calendar(task_name, task_time):
    task_datetime = convert_date(task_time).strftime(
"%Y-%m-%d %H:%M:%S")
    alarm_time = (datetime.strptime(task_datetime,
"%Y-%m-%d %H:%M:%S") - timedelta(minutes=15)).
strftime("%Y-%m-%d %H:%M:%S")

    script = f'''
        tell application "Calendar" to make new event with
properties {{summary:"{task_name}", start date:date
"{task_datetime}", end date:date "{task_datetime}"}}
```

```
        tell application "Calendar" to tell last item of
events of calendar 1 to make new display alarm with
properties {{trigger date:date "{alarm_time}"}}
    '''
    subprocess.run(['osascript', '-e', script])
    print(f"'{task_name}' 已安排于 {task_datetime},
提醒时间为 {alarm_time}")

if __name__ == "__main__":
    tasks_df = pd.read_excel('你的文件路径 .xlsx')
# 替换为实际文件路径
    for _, row in tasks_df.iterrows():
        add_to_calendar(row[0], row[1])
```

将代码保存在相应文件夹，命名为 task_reminder.py。

3. 运行自动化日程管理与任务提醒脚本

为了顺利运行自动化日程管理与任务提醒脚本，接下来需要执行一些操作。我们要定位到存储脚本的文件夹，然后运行脚本。以下是具体操作步骤。

（1）打开命令提示符或终端，导航到保存 task_reminder.py 文件的位置。可以使用 cd 命令更改当前目录，例如 "cd desktop/ 秒懂 AI/ 第 6 章 /6.3"，如图 6–32 所示。

```
[(base) caiyiwen@cyw-mbp16 ~ % cd desktop/秒懂AI/第 6 章 /6.3
 (base) caiyiwen@cyw-mbp16 6.3 %
```

图 6–32　文件导航示意

（2）输入以下命令运行脚本：

```Bash
python task_reminder.py
```

运行成功啦，程序运行成功如图 6–33 所示。

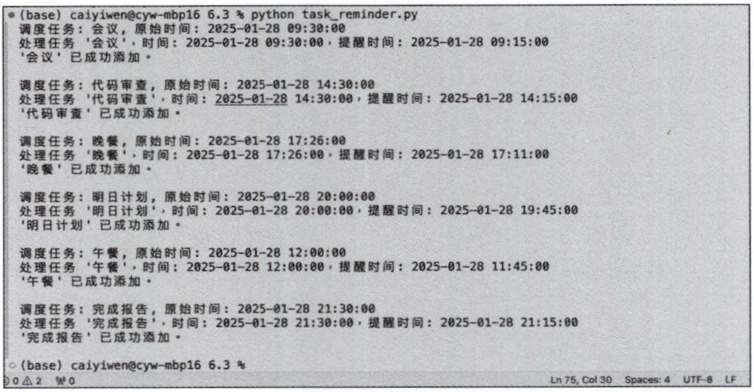

图 6-33　程序运行成功示意

6.4 任务分配与跟踪：用 AI 编程助力团队高效协作与任务管理

利用 AI 编程进行任务分配和进度跟踪，可以显著提升团队的工作效率和项目的透明度。通过编写简单的脚本，不仅能自动将任务分配给最适合的成员，还能实时监控任务进展并及时提醒相关人员，确保项目顺利推进。

接下来，我们将具体探讨如何实现这一过程：从根据成员技能和工作负荷智能分配任务，到设置自动化提醒机制，以确保每个任务都能按时完成。这一切都将帮助团队摆脱烦琐的手动管理，专注于更重要的工作目标。

6.4.1 高效协作，AI 规划任务流

在现代职场中，分配任务和跟踪是确保项目顺利完成的关键。然

而，随着任务复杂性和团队规模的增加，手动管理这些流程变得越来越像"打地鼠"——刚搞定一个任务，另一个又冒出来了。别担心，AI 编程来帮忙了！通过编写简单的脚本，我们可以自动化分配任务和跟踪过程，让团队协作更高效，项目推进更顺利。

想象一下，你的团队正在筹备一场线上产品发布会。这项工作包括设计宣传海报、撰写新闻稿、准备演示文稿等多个任务。每个成员都有各自的专长和当前的工作负荷。手动分配任务？那简直是一场"谁有空谁上"的随机抽奖游戏。利用 AI 编程有以下几点好处。

（1）**需求分析**：收集每个团队成员的技能和可用时间。比如，小李是设计能手，小张是文案高手，而小王则是 PPT 界的"扛把子"。

（2）**编写脚本**：基于这些信息，利用 AI 编写一个简单的脚本，自动将任务分配给最合适的人。比如，设计宣传海报的任务自动分给小李，撰写新闻稿的任务交给小张，准备演示文稿的任务则由小王负责。

（3）**动态调整**：如果某个成员突然遇到紧急情况，运行脚本则会根据剩余成员的技能和可用性重新分配任务，确保项目进度不受影响。

（4）**实时跟踪**：利用 AI 编程还可以监控任务状态。当某项任务接近截止日期但还未完成时，它会自动发送提醒邮件给相关负责人。比如："亲，海报设计还有 2 小时截止，别忘了哦～"

（5）**生成报告**：利用 AI 编程还能生成简明的报告，显示哪些任务已完成、哪些正在进行中，以及是否有任何延误。这让管理者可以迅速了解项目状态，并根据需要做出调整。

6.4.2 案例：打造智能化的任务分配和跟踪工具

本案例讲的是如何通过 AI 编程实现任务自动分配与跟踪，具体流程如图 6-34 所示。

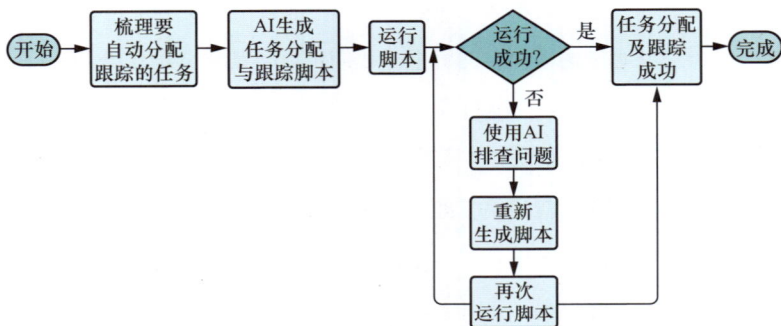

图 6-34　流程示意

通过 AI 编程可以轻松打造智能化的任务分配和跟踪工具，彻底告别手动管理的烦恼。无论是工作还是学习，AI 编程都能帮你搞定。你不需要成为编程高手，只需掌握一些基本的 AI 编程技巧，就能为自己和团队定制实用的工具，大大提升效率和幸福感。

1. 梳理你要向 AI 提问的问题

现在，把你的需求告诉 AI。可以尝试先用你的背景问题、目标需求、现状与挑战，还有 AI 对应回答的具体要求来结构化梳理你的思路，并向 AI 提问。

（1）背景问题。

● 在现代职场中，【任务分配和跟踪】是确保项目顺利完成的关键。

● 随着【任务复杂性和团队规模的增长】，手动管理这些流程变得越来越具有【挑战性】。现有工具虽然提供帮助，但缺乏足够的【灵活性和自动化功能】，无法完全满足每个团队的需求。

（2）目标需求。

● 我希望通过【简单的 AI 编程技巧】，实现【任务分配和跟踪的自动化】，从而提升团队效率，并促进更好地协作。

● 具体来说，我希望创建一个能根据【团队成员的技能和工作负荷】自动分配任务的系统，并定制一套灵活的【任务跟踪机制】。

（3）现状与挑战。

● 当前，任务分配和跟踪通常依赖于【手动管理】，这种方式容易出现【遗漏或延迟】。

● 手动管理不仅【耗时】，还容易【出错】，尤其在任务复杂且团队规模较大的情况下。现有工具虽然能提供一定帮助，但缺乏【灵活性和自动化功能】，无法满足复杂需求。

（4）具体要求。

我不懂编程。请用【1、2、3 步骤】形式，【简明清晰】地指导我如何通过 Python 脚本实现任务分配与跟踪，帮助我提高工作效率。由于没有编程基础，希望步骤尽量【简单易懂】，便于操作。

2. 执行 AI 回答中的步骤

让我们按照 AI 的回答来试试看吧。

（1）安装必要的软件和库。

安装 Python：这一步我们就跳过吧，有需要的读者可以翻看前面的章节。

安装必要的库：打开命令提示符（Windows）或终端（macOS/Linux），然后运行以下命令来安装所需的 Python 库。

```Bash
pip install pandas openpyxl
```

程序结果如图 6-35 所示。

```
(base) caiyiwen@cyw-mbp16 ~ % pip install pandas openpyxl
Requirement already satisfied: pandas in /opt/anaconda3/lib/python3.12/site-pack
ages (2.2.3)
Requirement already satisfied: openpyxl in /opt/anaconda3/lib/python3.12/site-pa
ckages (3.1.5)
Requirement already satisfied: numpy>=1.26.0 in /opt/anaconda3/lib/python3.12/si
te-packages (from pandas) (2.0.2)
Requirement already satisfied: python-dateutil>=2.8.2 in /opt/anaconda3/lib/pyth
on3.12/site-packages (from pandas) (2.9.0.post0)
Requirement already satisfied: pytz>=2020.1 in /opt/anaconda3/lib/python3.12/sit
e-packages (from pandas) (2024.2)
Requirement already satisfied: tzdata>=2022.7 in /opt/anaconda3/lib/python3.12/s
ite-packages (from pandas) (2024.2)
Requirement already satisfied: et-xmlfile in /opt/anaconda3/lib/python3.12/site-
packages (from openpyxl) (2.0.0)
Requirement already satisfied: six>=1.5 in /opt/anaconda3/lib/python3.12/site-pa
ckages (from python-dateutil>=2.8.2->pandas) (1.17.0)

[notice] A new release of pip is available: 24.3.1 -> 25.0.1
[notice] To update, run: pip install --upgrade pip
(base) caiyiwen@cyw-mbp16 ~ %
```

图 6-35 程序结果示意

（2）创建 Python 脚本。

创建任务分配的脚本：打开文本编辑器（例如记事本），然后复制并粘贴下面提供的 Python 代码。

```Python
import pandas as pd

def assign_tasks():
    # 读取任务数据
    df_tasks = pd.read_excel("tasks.xlsx")

    # 根据任务名称和条件分配负责人
    for index, task in df_tasks.iterrows():
        if task['任务'] == '市场调研':
            df_tasks.at[index, '负责人'] = '小张'
        elif task['任务'] == '活动方案设计':
            if task['截止日期'] == '2025-02-06':
                df_tasks.at[index, '负责人'] = '小李'
            else:
                df_tasks.at[index, '负责人'] = '小赵'
        elif task['任务'] == '文案撰写':
            df_tasks.at[index, '负责人'] = '小王'
        elif task['任务'] == '图像设计':
```

```
            df_tasks.at[index, '负责人'] = '小黄'
        elif task['任务'] == '社交媒体推广':
            df_tasks.at[index, '负责人'] = '小刘'
        elif task['任务'] == '线上活动主持':
            df_tasks.at[index, '负责人'] = '小周'
        elif task['任务'] == '数据分析':
            df_tasks.at[index, '负责人'] = '小陈'
        elif task['任务'] == '报告撰写':
            df_tasks.at[index, '负责人'] = '小杨'

    # 保存分配结果
    df_tasks.to_excel("tasks_with_assignees.xlsx",
index=False)
    print("任务分配已完成，并保存为 tasks_with_assignees.
xlsx")

assign_tasks()
```

将该脚本命名为 task_assignment.py，用于自动分配任务给合适的团队成员。

创建进度跟踪与提醒的脚本，脚本如下所示。

```Python
import pandas as pd
import smtplib
from email.mime.text import MIMEText
from datetime import datetime

# 发送邮件的函数
def send_reminder_email(to_email, subject, body):
    sender_email = "your_email@qq.com"
    password = "your_authorization_code"
    msg = MIMEText(body, 'plain', 'utf-8')
    msg['From'] = sender_email
    msg['To'] = to_email
    msg['Subject'] = subject
    try:
        with smtplib.SMTP('smtp.qq.com', 587) as server:
```

```
                server.starttls()
                server.login(sender_email, password)
                server.sendmail(sender_email, to_email,
msg.as_string())
                print(f"邮件成功发送给 {to_email}")
    except Exception as e:
        print(f"发送邮件失败：{e}")


# 进度跟踪与提醒
def track_progress():
    df_tasks = pd.read_excel("tasks_with_assignees.xlsx")
    today = datetime.today()
    df_tasks['截止日期'] = pd.to_datetime(df_tasks['截止日
期'], errors='coerce')


    for _, task in df_tasks.iterrows():
        if task['进度'] == '未开始' and (task['截止日期']
- today).days <= 7:
            send_reminder_email(
                f"{task['负责人']}@example.com",
                f"任务提醒：{task['任务']}即将到期",
                f"任务'{task['任务']}'即将到期，请及时完成。"
            )


track_progress()
```

将该脚本命名为 task_tracking.py，用于跟踪任务进度，并在任务临近截止日期时发送提醒邮件。

3. 运行任务分配与跟踪脚本

为了顺利运行任务分配与跟踪脚本，接下来需要执行一些操作。我们要定位到存储脚本的文件夹，然后运行脚本。以下是具体操作步骤。

（1）**打开命令提示符或终端**，导航到保存 task_assignment.py 文件的位置。可以使用 cd 命令更改当前目录，例如"cd desktop/ 秒懂 AI/ 第 6

章 /6.4"，如图 6–36 所示。

```
[(base) caiyiwen@cyw-mbp16 ~ % cd desktop/秒懂 AI/第 6 章 /6.4
(base) caiyiwen@cyw-mbp16 6.4 %
```

图 6–36　文件导航示意

（2）运行任务分配脚本，对应脚本如下。

```Bash
Bash
python task_assignment.py
```

运行成功啦，程序结果如图 6–37 和图 6–38 所示

```
[(base) caiyiwen@cyw-mbp16 6.4 % python task_assignment.py
任务分配已完成，并保存为 tasks_with_assignees.xlsx
(base) caiyiwen@cyw-mbp16 6.4 %
```

图 6–37　程序结果示意

任务	截止日期	进度	负责人
市场调研	2025-02-05	未开始	小张
活动方案设计	2025-02-06	未开始	小李
活动方案设计	2025-02-06	未开始	小李
文案撰写	2025-02-07	未开始	小王
文案撰写	2025-02-07	未开始	小王
图像设计	2025-02-08	未开始	小黄
社交媒体推广	2025-02-09	未开始	小刘
线上活动主持	2025-02-10	未开始	小周
数据分析	2025-02-11	未开始	小陈
报告撰写	2025-02-12	未开始	小杨

图 6–38　程序运行成功示意（1）

（3）运行进度跟踪脚本，对应脚本如下。

```Bash
Bash
python task_tracking.py
```

程序运行成功啦，结果如图 6–38 所示。

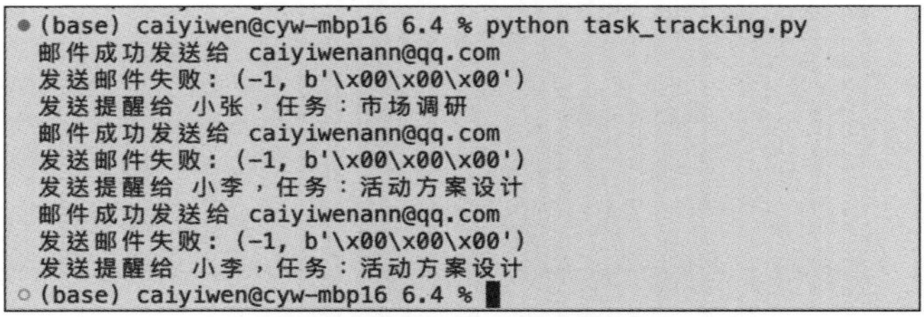

图 6-38　程序运行成功示意（2）

为了方便案例展示，我将案例中员工的邮箱都设成了我的个人邮箱，如图 6-39 所示。

图 6-39　邮箱收到提醒示意

第 7 章

AI 编程，让生活充满趣味：

打造你的创意生活

AI 编程已经大幅提升了我们的办公效率，但编程不仅是工作工具，它还能让我们的生活更加有趣！本章，我们将用 AI 编程生成小游戏、生成笑话、创作艺术作品，甚至定制专属的书单和歌单。看看 AI 是如何让生活充满创意和乐趣的。

7.1 乐在其中：与 AI 一起编写经典小游戏

借助 AI 编程，即使是编程新手也能轻松开发经典小游戏。在这一节中，我们将展示如何使用 Python 脚本创建一个经典小游戏。你将学习到从设置界面到实现逻辑的所有步骤，体验编程的乐趣和成就感。

7.1.1 AI 助编程，游戏梦成真

你是否曾经玩过那些让你爱不释手的经典小游戏？像数独、扫雷、华容道，这些游戏简单却充满挑战，带给我们无数欢乐的时光。现在，我们有机会自己动手创建这样的游戏，并且有 AI 编程来帮忙，让整个过程变得更简单有趣。

本节将选择数独游戏作为例子，展示如何用 AI 编程轻松创建一个好玩的小游戏。想象一下，你可以自己动手做出一款让你和朋友们都爱不释手的游戏，是不是很酷呢？

经典小游戏之所以经久不衰，是因为它们简单而富有挑战性，适合各个年龄段的人玩耍。比如：

（1）**数独**：数独是一款经典的逻辑推理游戏。玩家需要在一个 9×9 的网格中填入数字，使得每一行、每一列以及每一个 3×3 的小方格内都包含 1 到 9 的所有数字，且不重复。数独不仅锻炼逻辑思维，还能提升专注力和耐心。它的规则简单，但解题过程充满挑战，深受全球玩家的喜爱。

（2）**扫雷**：扫雷是一款考验观察力和推理能力的游戏。玩家需要在一个网格中找出隐藏的地雷，单击非地雷的方块来获得周围的地雷数量提示。随着你揭开更多的方块，游戏难度逐渐增加，需要更高的推理技巧。扫雷不仅有趣，还能锻炼你的空间感知和快速决策能力。

（3）**华容道**：华容道是一款滑动拼图游戏，玩家需要通过移动方块将特定的一块移出迷宫。这款游戏有多种难度级别，从简单的 3×3 网格到更复杂的 5×5 网格。每一步都需要精心规划，以确保最终能够顺利通关。华容道不仅能锻炼你的逻辑思维，还能培养解决问题的能力和耐心。

AI 如何让游戏开发更简单有趣？ AI 可以从以下几点使游戏开发变得更简单有趣。

（1）**自动生成代码**：AI 编程可以帮你生成一些核心代码，比如怎么检查玩家输入是否正确，这样你就不用从头开始写所有代码了。

（2）**快速创建图形和动画**：AI 编程可以通过简单的描述或示例，快速创建游戏角色、背景和动画效果，减少美工设计的时间，就像有个设计师随时在你身边帮忙一样。

（3）**优化游戏设计**：利用 AI 编程可以分析玩家行为数据，给出关卡设计的建议，确保游戏难度适中且有趣。它就像是你的游戏顾问，帮你把游戏做得更好玩。

（4）**自动测试和反馈**：利用 AI 编程可以模拟玩家进行游戏测试，并提供详细的反馈报告，帮助你快速找到并修复问题，确保游戏运行顺畅，就像是有个测试员一直在帮你找 Bug。

7.1.2 案例：用 AI 编写数独游戏

本案例讲的是如何通过 AI 编程制作数独游戏，具体流程如图 7-1 所示。

通过 AI 编程，你可以轻松打造属于自己的经典小游戏。无论是锻炼逻辑思维，还是提升编程技能，这个过程都充满了乐趣和成就感。想象一下，当你完成这款游戏并分享给朋友们时，他们会多么惊讶和佩服你！

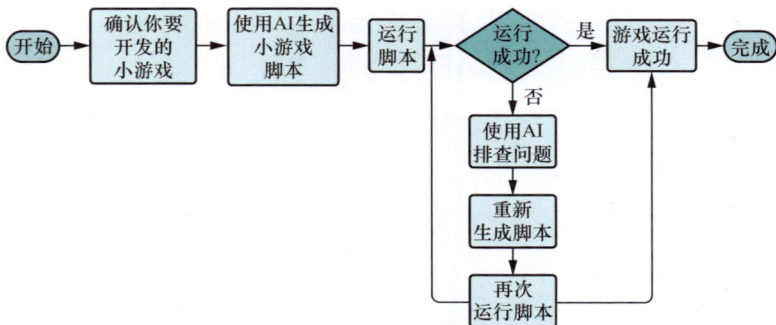

图 7-1　流程示意

从此，你不仅是游戏的玩家，更是游戏的创作者。AI 帮你搞定烦琐的代码，你只需要专注于创意和设计，享受编程的乐趣。快来试试吧，打造你的第一款小游戏，开启游戏开发的奇妙之旅。

1. 梳理你要向 AI 提问的问题

现在，把你的需求告诉 AI。可以尝试先用你的背景问题、目标需求、现状与挑战，还有 AI 对应回答的具体要求来结构化梳理你的思路，并向 AI 提问。

（1）背景问题。

● 对于【许多初学者】来说，编写小游戏显得【复杂且困难】，尤其是没有编程经验的人，他们【不知道从哪里开始】，且【担心遇到技术难题无法解决】。

● 学生希望有一种【更简单、更高效的方法】来创建小游戏，既能享受游戏乐趣，又能学习编程基础。

（2）目标需求。

● 我希望学习如何利用【AI 编程】来简化【游戏开发过程】。通过这种方式，我能够掌握基本的编程概念，并通过即时反馈获得成就感，增强学习的动力。

● 我的目标是编写数独游戏，即使我没有编程基础，也能理解和实现这个过程。

（3）现状与挑战。

● 目前，许多初学者对编程感到陌生，缺乏【系统的学习资源】和【实践机会】。

● 即使有一些基础，开发小游戏仍然需要掌握一定的编程技能，这对初学者来说是一个【不小的挑战】，容易让人【望而却步】。

（4）具体要求。

● 我不懂编程。请用【1、2、3 步骤】形式简明清晰地指导我如何通过 Python 脚本实现数独游戏。

●由于没有编程基础，希望每个步骤都包含【具体代码示例】和【通俗易懂的解释】，确保我能轻松操作。

2. 执行 AI 回答中的步骤

让我们按照 AI 的回答来试试看吧。

（1）安装必要的软件和库。

安装 Python：这一步我们就跳过吧，有需要的读者可以翻看前面的章节。

安装必要的库：打开命令提示符（Windows）或终端（macOS/Linux），然后运行以下命令来安装所需的 Python 库。

```
Bash
pip install numpy
```

由于我预先安装过这些库，因此，这边会直接显示这些库的版本，如图 7-2 所示。

```
(base) caiyiwen@cyw-mbp16 ~ % pip install numpy
Requirement already satisfied: numpy in /opt/anaconda3/lib/python3.12/site-packa
ges (2.0.2)

[notice] A new release of pip is available: 24.3.1 -> 25.0.1
[notice] To update, run: pip install --upgrade pip
(base) caiyiwen@cyw-mbp16 ~ %
```

图 7-2　程序结果示意

（2）创建 Python 脚本。

打开文本编辑器（例如记事本），然后复制并粘贴下面提供的
Python 代码。

```Python
import tkinter as tk

class SudokuApp:
    def __init__(self, root):
        self.root = root
        self.entries = [[tk.Entry(self.root, width=2,
font=('Arial', 24), justify='center') for _ in range(9)]
for _ in range(9)]
        for i in range(9):
            for j in range(9):
                self.entries[i][j].grid(row=i, column=j,
padx=5, pady=5)
        tk.Button(self.root, text="展示", command=self.
show_message).grid(row=9, column=0, columnspan=9, pady=10)

    def show_message(self):
        message = "这是一个数独展示界面"
        print(message)
        tk.Label(self.root, text=message, font=('Arial',
16)).grid(row=10, column=0, columnspan=9)

if __name__ == "__main__":
    root = tk.Tk()
    app = SudokuApp(root)
    root.mainloop()
```

让我们将代码保存在相应文件夹。

我们可以在计算机上创建一个新的项目文件夹作为工作空间（如 SudokuGame），在项目文件夹中保存该 Python 脚本，并命名为 sudoku_game.py。

3. 运行数独游戏脚本

为了顺利运行数独游戏脚本，接下来需要执行一些操作。我们要定位到存储脚本的文件夹，然后运行脚本。以下是具体操作步骤。

（1）**打开命令提示符或终端**，导航到保存 sudoku_game.py 文件的位置。可以使用 cd 命令更改当前目录，例如 "cd desktop/ 秒懂 AI/ 第 7 章 /7.1"，如图 7–3 所示。

```
[(base) caiyiwen@cyw-mbp16 ~ % cd desktop/秒懂AI/第 7 章 /7.1
(base) caiyiwen@cyw-mbp16 7.1 %
```

图 7–3　文件导航示意

（2）**输入以下命令运行脚本。**

```Bash
Bash
python sudoku_game.py
```

运行成功后，会弹出数独游戏的弹窗，如图 7–4 所示，然后我们就可以开始玩啦：

图 7–4　程序运行成功示意

7.2 每日笑话生成器：用 AI 自动写笑话

在这一节中，我们将学习如何利用 Python 和 API 调用创建一个笑话生成器。你将发现，只需几步简单操作，就能根据特定关键词生成定制化的笑话，为你的日常生活带来乐趣。无须编程基础，你就能快速上手，创建出一个既实用又有趣的工具。准备好开启这段轻松愉快的编程之旅吧！

7.2.1 笑话一键出，编程不觉苦

在日常生活中，有时候一个简单的笑话就能让一天变得更美好。那些让人笑得合不拢嘴的笑话，能让我们心情愉悦。但要找到既有趣又适合分享的笑话，还真不是件容易的事。网上的资源虽然多，可挑出真正好笑的笑话还是挺费劲的——就像在沙子里找金子，眼睛都快看花了！

要是有个小助手能根据你的心情或话题随时生成一条新鲜有趣的笑话，那该多棒啊！比如说，当你和朋友们聊到"猫"时，它能立刻生成一条关于猫的搞笑段子；或者你在办公室里讨论工作时，它能给出一条轻松的工作笑话。

这就是我们想做的——一个"笑话生成器"。你可以输入任何话题，比如"猫""办公室"或者"学校"，它会为你量身定制一条笑话。这个小工具不仅节省了你在海量内容中筛选的时间，还能让你随时随地轻松逗乐众人。无论是和朋友聊天时的轻松一刻，还是团队会议前的愉快开场，一份适时的幽默总能让气氛变得更好。

这个笑话生成器在实际生活中有多种妙用，以下是几个典型的使用场景：

（1）**朋友聚会**：当大家聊到"宠物"时，输入"猫"，即可生成一条关于猫的搞笑段子，瞬间点燃气氛。

（2）**团队会议**：在会议开始前，输入"职场"，即可生成一条轻松的工作笑话，让大家在轻松的氛围中进入状态。

（3）**日常娱乐**：当你觉得无聊时，输入"学校"，即可生成一条校园笑话，让你瞬间回到学生时代的欢乐时光。

7.2.2　案例：用 AI 编程创建笑话生成器

本案例讲的是如何通过 AI 编程自动编写笑话，具体流程如图 7-5 所示。

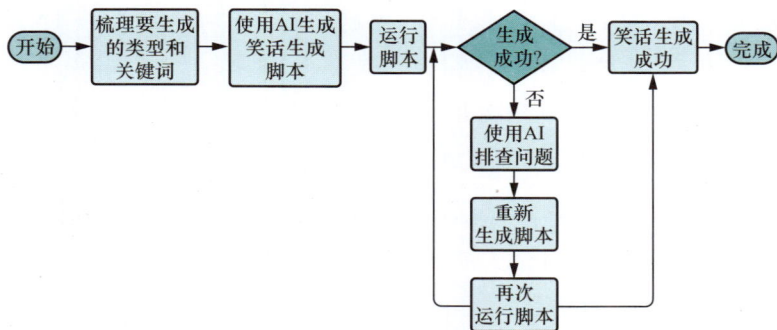

图 7-5　流程示意

通过 AI 编程，你可以轻松打造属于自己的"笑话生成器"，彻底告别手动筛选笑话的烦恼。无论是朋友聚会、团队会议，还是日常娱乐所需的笑话，AI 编程都能帮你搞定。你不需要成为编程高手，只需掌握一些基本的 AI 编程技巧，就能为自己和朋友们定制专属的笑话库，让生活充满笑声。

从此，你不仅是笑话的听众，更是笑话的创作者。AI 帮你搞定烦琐的代码，你只需要专注于创意和设计，享受编程的乐趣。快来试试吧，打造你的第一款"笑话生成器"，开启一段充满欢笑的编程之旅！

1. 梳理你要向 AI 提问的问题

现在，把你的需求告诉 AI。可以尝试先用你的背景问题、目标需求、现状与挑战，还有 AI 对应回答的具体要求来结构化梳理你的思路，并向 AI 提问。

（1）背景问题。

● 在日常生活和工作中，我们经常需要【活跃气氛】，但【找到高质量笑话】并不容易。筛选出合适且有趣的笑话需要【大量时间和精力】。

● 现有的笑话生成工具大多缺乏【灵活性】，不能根据我的【个性化需求】生成相关的笑话。

（2）目标需求。

● 我希望通过【AI 编程】，制作一个能够根据我提供的【关键词】自动生成相关笑话的【笑话生成器】。

● 这个笑话生成器不仅可以让编程学习变得【有趣】，还可以【增添生活中的笑声】，让我轻松与朋友和家人分享快乐。

（3）现状与挑战。

● 尽管市面上有许多在线资源提供笑话，但【筛选有趣且适合特定场合】的笑话依然具有【挑战性】。

● 现有的笑话生成器无法根据个人需求灵活生成合适的笑话。

（4）具体要求。

● 我不懂编程。请用【1、2、3 步骤】形式，【简明清晰】地指导我如何通过 Python 脚本实现一个基于关键词的笑话生成器。由于没有编程基础，希望步骤尽量【简单易懂】，并包含详细说明，方便我快速上手实践。

2. 执行 AI 回答中的步骤

让我们按照 AI 的回答来试试看吧。

（1）安装必要的软件和库。

安装 Python：这一步我们就跳过吧，有需要的读者可以翻看前面的章节。

安装必要的库：打开命令提示符（Windows）或终端（macOS/Linux），然后运行以下命令来安装所需的 Python 库。

```Bash
pip install requests
```

由于我预先安装过这些库，因此，这边会直接显示这些库的版本，如图 7-6 所示。

```
(base) caiyiwen@cyw-mbp16 ~ % pip install requests
Requirement already satisfied: requests in /opt/anaconda3/lib/python3.12/site-pa
ckages (2.32.3)
Requirement already satisfied: charset-normalizer<4,>=2 in /opt/anaconda3/lib/py
thon3.12/site-packages (from requests) (3.4.0)
Requirement already satisfied: idna<4,>=2.5 in /opt/anaconda3/lib/python3.12/sit
e-packages (from requests) (3.10)
Requirement already satisfied: urllib3<3,>=1.21.1 in /opt/anaconda3/lib/python3.
12/site-packages (from requests) (2.3.0)
Requirement already satisfied: certifi>=2017.4.17 in /opt/anaconda3/lib/python3.
12/site-packages (from requests) (2025.1.31)

[notice] A new release of pip is available: 24.3.1 -> 25.0.1
[notice] To update, run: pip install --upgrade pip
(base) caiyiwen@cyw-mbp16 ~ %
```

图 7-6　程序结果示意

（2）创建 Python 脚本。

打开文本编辑器（例如记事本），然后复制并粘贴下面提供的 Python 代码。

```Python
import requests

def get_joke_by_keyword(keyword):
```

```
    url = f"https://v2.jokeapi.dev/joke
/Any?contains={keyword}"
    response = requests.get(url)

    if response.status_code == 200:
        data = response.json()
        if not data['error']:
            if data['type'] == 'single':
                return data['joke']
            elif data['type'] == 'twopart':
                return f"{data['setup']} {data['delivery']}"
    return "没有找到相关的笑话。"

if __name__ == "__main__":
    user_keyword = input("请输入一个关键词：")
    joke = get_joke_by_keyword(user_keyword)
    print("\n找到的笑话是：\n")
    print(joke)
```

让我们将代码保存在相应文件夹。

我们可以在计算机上创建一个新的文件夹作为工作空间（如 JokeGenerator）。在项目文件夹中保存该 Python 脚本，并命名为 joke_generator.py。

3. 运行自动生成笑话脚本

为了顺利运行自动生成笑话脚本，接下来需要执行一些操作。我们要定位到存储脚本的文件夹，然后运行脚本。以下是具体操作步骤。

（1）**打开命令提示符或终端**，导航到你保存 joke_generator.py 文件的位置。可以使用 cd 命令更改当前目录，如图 7-7 所示，例如"cd desktop/ 秒懂 AI/ 第 7 章 /7.2"。

```
[(base) caiyiwen@cyw-mbp16 ~ % cd desktop/秒懂AI/第 7 章 /7.2
 (base) caiyiwen@cyw-mbp16 7.2 %
```

图 7-7 文件导航示意

（2）输入以下命令运行脚本。

```Bash
python joke_generator.py
```

程序运行成功啦，结果如图 7-8 所示。

```
(base) caiyiwen@cyw-mbp16 7.2 % python joke_generator.py
请输入一个关键词：coffee
This morning I accidentally made my coffee with Red Bull instead of water. I was
already on the highway when I noticed I forgot my car at home.
(base) caiyiwen@cyw-mbp16 7.2 %
```

图 7-8　程序运行成功示意

7.3　从文字到图像：用 AI 让文字活起来

在这一节中，我们将深入探讨如何利用 AI 编程，将文字转化为图像的具体步骤。不同于抽象的概念讨论，这里我们将展示实际的操作流程，帮助你快速上手，输入文字生成独一无二的图像。

无论你是想记录生活中的美好瞬间，还是希望通过图像表达复杂的情感，这个工具都能让你以最直观的方式实现创意。准备好跟随我们，体验从文字到艺术的神奇转变吧！

7.3.1　灵感变现实，文字绘新图

你有没有想过，如果你写下的一段话或一首诗，能够瞬间变成一幅美丽的画作？现在，借助 AI 编程，我们可以将文字内容转化为图像，赋予它们新的生命力。无论是诗歌、散文还是简单的短语，都可以变成独一无二的图像，带来全新的表达方式。

每个人都有自己的故事和感受，但不是每个人都能用画笔来表达内

心的世界。现在，我们可以通过文字创作出独特的图像。只需要输入一段文字——一句诗、一篇短文或是简单的想法，就能让它变成一幅个性化的图像。这种转化不仅让文字有了新的表现形式，也为创作者提供了一种全新的自我表达渠道。

为什么"文字变图像"这么有趣？将一句话变成一幅图，不只是好玩，更是 AI 编程帮我们打开了全新的创意方式。这种方式，正在让表达、记录、分享，变得更简单也更自由。

（1）**激发灵感。**有时候，一个好点子就差临门一脚。借助 AI 编程，我们可以把脑海中的一句话快速变成图像，激发不一样的灵感。比如输入"星空下的孤独旅人"，利用 AI 编程生成的画面可能比我们想象的还更具情绪感，也更容易激发后续创作。

（2）**个性化表达。**不需要画画技巧，也能做出自己的专属图像。你可以把喜欢的诗句、歌词、情绪关键词变成视觉表达，不论是做头像、卡片、PPT 封面，还是当成礼物送朋友。这种"AI 协作"的方式，让创作更亲民、更有乐趣。

（3）**留存与分享。**AI 编程生成的图像，背后可能是一句话、一段记忆。我们可以把它保存、分享，让故事变得可见，也更容易引起他人的共鸣。比如，"童年的回忆"生成的画，也许能一秒把你带回小时候。

那么，**如何用 AI 编程实现"文字变图像"呢？可以执行以下步骤。**

（1）**输入文字：**你可以输入任何文字，比如一句诗、一段话，甚至是一个简单的想法。比如，"春天的花园里，蝴蝶在花丛中飞舞"。

（2）**生成图像：**根据文字内容生成一幅独特的图像。比如，输入"春天的花园"，可能会生成一幅色彩斑斓的花园图，蝴蝶在花丛中翩翩起舞。

（3）**调整优化**：如果生成的图像不符合你的预期，你可以调整文字描述，或者直接告诉 AI 你想要的效果。比如，"我想要更梦幻一点的花园"。

（4）**保存分享**：将生成的图像保存下来，分享给朋友或家人，或者打印出来装饰房间。

"文字变图像"这项技术已经在多个领域展现出惊人的应用价值，以下是几个典型的应用实例：

（1）**个人创作**：把你写的诗或散文变成一幅画，记录生活中的美好瞬间。

（2）**礼物制作**：把朋友的名字或对朋友的生日祝福变成一幅画，送给他们作为独一无二的礼物。

（3）**文化传播**：将不同文化的经典文学作品转化为图像，让更多人感受到其中的情感和意境。

7.3.2 案例：用 AI 将文字转化为图像

本案例讲的是如何通过 AI 编程实现将文字变成图像，具体流程如图 7-9 所示。

通过 AI 编程，你可以轻松将文字转化为图像，赋予它们新的生命力。你不需要成为艺术家，只需掌握一些基本的 AI 编程技巧，就能为自己和朋友们定制专属的图像，让生活充满创意和乐趣。

从此，你不仅是文字的创作者，更是艺术的创作者。AI 帮你搞定烦琐的代码，你只需要专注于创意和设计，享受创作的乐趣。快来试试吧，打造你的第一款"文字变图像"工具，开启一段充满创意的编程之旅！

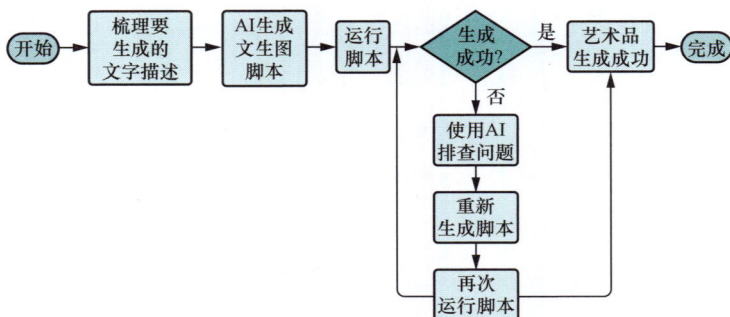

图 7-9　流程示意

1. 梳理你要向 AI 提问的问题

现在，把你的需求告诉 AI。可以尝试先用你的背景问题、目标需求、现状与挑战，还有 AI 对应回答的具体要求来结构化梳理你的思路，并向 AI 提问。

（1）背景问题。

● 我希望能够创建一个【文字到图像】的转化工具，通过输入文字生成一幅【独特的图像】，能够反映文字的【情感和主题】。

● 尽管有许多【在线文字转图像工具】，但它们对我来说【使用门槛较高】，我不熟悉相关技术，操作困难，且很难精确控制图像的【质量和美感】。

（2）目标需求。

我希望通过【AI 编程】制作一个"文字到图像"的转化工具，该工具应该：

● 能够根据输入的文字内容生成【独特的图像】。

● 提供【直观的界面】，让我轻松输入文字并选择【艺术风格】。

● 激发创意，通过文字转图像的方式，探索新的【灵感和表达】。

● 具备【分享功能】，让我能够将生成的图像分享给【朋友和家人】。

（3）现状与挑战。

● 目前我【没有编程基础】，也不了解如何使用现有的工具，操作起来比较困难。

● 我希望能有一个【简化的过程】，能够轻松生成个性化的图像，而不是依赖【复杂的技术工具】。

（4）具体要求。

我不懂编程。请用【1、2、3 步骤】形式，【简明清晰】地指导我如何通过 Python 脚本实现基于文字的图像生成器，并提供操作指南，确保可以轻松实现这个功能。

2. 执行 AI 回答中的步骤

让我们按照 AI 的回答来试试看吧。

（1）安装必要的软件和库。

安装 Python：这一步我们就跳过吧，有需要的读者可以翻看前面的章节。

安装必要的库：打开命令提示符（Windows）或终端（Mac/Linux），然后运行以下命令来安装所需的 Python 库。

```Bash
pip install diffusers transformers torch pillow
```

程序结果如图 7-10 所示。

```
Requirement already satisfied: sympy==1.13.1 in /opt/anaconda3/lib/python3.12/si
te-packages (from torch) (1.13.1)
Requirement already satisfied: mpmath<1.4,>=1.1.0 in /opt/anaconda3/lib/python3.
12/site-packages (from sympy==1.13.1->torch) (1.3.0)
Requirement already satisfied: zipp>=3.20 in /opt/anaconda3/lib/python3.12/site-
packages (from importlib-metadata->diffusers) (3.21.0)
Requirement already satisfied: MarkupSafe>=2.0 in /opt/anaconda3/lib/python3.12/
site-packages (from jinja2->torch) (3.0.2)
Requirement already satisfied: charset-normalizer<4,>=2 in /opt/anaconda3/lib/py
thon3.12/site-packages (from requests->diffusers) (3.4.0)
Requirement already satisfied: idna<4,>=2.5 in /opt/anaconda3/lib/python3.12/sit
e-packages (from requests->diffusers) (3.10)
Requirement already satisfied: urllib3<3,>=1.21.1 in /opt/anaconda3/lib/python3.
12/site-packages (from requests->diffusers) (2.3.0)
Requirement already satisfied: certifi>=2017.4.17 in /opt/anaconda3/lib/python3.
12/site-packages (from requests->diffusers) (2025.1.31)

[notice] A new release of pip is available: 24.3.1 -> 25.0.1
[notice] To update, run: pip install --upgrade pip
(base) caiyiwen@cyw-mbp16 ~ %
```

图 7-10　程序结果示意

（2）创建 Python 脚本。

打开文本编辑器（例如记事本），然后复制并粘贴下面提供的 Python 代码。

```Python
import torch
from diffusers import StableDiffusionPipeline
import tkinter as tk
from tkinter import filedialog, messagebox
import threading

device = "cuda" if torch.cuda.is_available() else "cpu"
pipe = StableDiffusionPipeline.from_pretrained
("runwayml/stable-diffusion-v1-5", torch_dtype=torch.
float16 if device == "cuda" else torch.float32).to(device)

def generate_image(prompt, output_filename):
    image = pipe(prompt).images[0]
    image.save(output_filename)

def on_generate():
    prompt = text_input.get("1.0", tk.END).strip()
    if not prompt:
        return messagebox.showwarning(" 警告 ", " 请输入描述 ")

    output_filename = filedialog.asksaveasfilename(defaultext
ension=".png")
    if not output_filename:
        return

    def run():
        generate_image(prompt, output_filename)
        messagebox.showinfo(" 成功 ", f" 图像已保存 :
{output_filename}")

    threading.Thread(target=run, daemon=True).start()

root = tk.Tk()
```

```
root.title("文字生成艺术品")
text_input = tk.Text(root, height=5, width=40)
text_input.pack()
tk.Button(root, text="生成艺术品", command=on_generate).
pack()
root.mainloop()
```

让我们将代码保存在相应文件夹，在项目文件夹中保存该 Python 脚本，并命名为 text_to_art.py。

3. 运行文字生成图像脚本

为了顺利运行文字生成图像脚本，接下来需要执行一些操作。我们要定位到存储脚本的文件夹，然后运行脚本。以下是具体操作步骤。

（1）打开命令提示符或终端， 导航到保存 text_to_art.py 文件的位置。可以使用 cd 命令更改当前目录，例如“cd desktop/ 秒懂 AI/ 第 7 章 /7.3”，如图 7-11 所示。

```
(base) caiyiwen@cyw-mbp16 ~ % cd desktop/秒懂AI/第 7 章/7.3
(base) caiyiwen@cyw-mbp16 7.3 %
```

图 7-11　文件导航示意

（2）输入以下命令运行脚本。

```
Bash
python text_to_art.py
```

运行成功后，生成的图像为你自动保存在了指定位置，如图 7-12 所示。

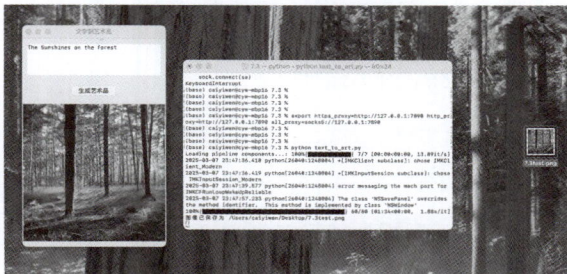

图 7-12　程序运行成功示意

7.4 个性化推荐：定制你的书单或歌单

在这一节中，我们将介绍如何利用 AI 编程创建一个个性化的推荐系统，帮助你根据个人喜好发现新的书籍和音乐。无论你是想找到下一本心仪的好书，还是为播放列表添加新鲜血液，这个工具都能为你量身定制推荐。

7.4.1 听歌读书趣，推荐更贴心

每个人都希望能轻松找到自己喜欢的书籍或音乐，但有时候找起来还真不容易。我们常常会在店里徘徊很久，或者在网上搜索半天，却还是找不到特别合心意的东西。就像在茫茫大海里捞针，眼睛都快看花了！

要是有个工具能根据我们的喜好来推荐书籍或音乐，那该多好啊！其实，现在通过 AI 编程，能创建一个个性化推荐系统。这个推荐系统能了解我们喜欢什么类型的故事或音乐风格，然后帮我们找到更多类似的东西。

为了简化学习过程并提高实用性，我们将书籍和音乐推荐整合到一个综合案例中。在这个项目——"个性化推荐：定制你的书单或歌单"中，我们将创建一个简单的推荐系统，它可以根据你的阅读和听歌记录，推荐你可能会喜欢的新书或新歌。这样做有以下几点好处：

（1）**简化学习曲线**：对于初学者来说，处理一个综合案例可以减少需要掌握的技术栈和概念的数量，使学习过程更加轻松。

（2）**代码复用**：书籍和音乐推荐的基本逻辑相似，很多代码可以复用，如用户偏好收集、数据处理等部分。

（3）**统一界面**：可以设计一个通用的用户界面，让用户选择是推荐

书籍还是音乐，提升用户体验。

这个个性化推荐系统被广泛应用于日常生活和娱乐场景中，具体来说：

（1）**书籍推荐**：当你不知道下一本读什么时，输入你最近喜欢的几本书，该系统会生成一份个性化的书单，帮你找到更多好书。

（2）**音乐推荐**：当你觉得播放列表有点单调时，输入你最近常听的几首歌，该系统会生成一份个性化的歌单，让你的耳朵享受新鲜感。

（3）**综合推荐**：如果你既想找书又想找歌，该系统可以同时推荐书籍和音乐，满足你的多重需求。

通过 AI 编程，你可以轻松打造属于自己的个性化推荐系统，彻底告别手动搜索的烦恼。无论是找书还是找歌，该系统都能帮你搞定。从此，你不仅是书籍和音乐的消费者，更是推荐系统的创建者。AI 帮你搞定烦琐的代码，你只需要专注于创意和设计。快来试试吧，打造你的第一款个性化推荐系统，开启一段充满创意的编程之旅吧！

7.4.2　案例：定制你的书单或歌单

本案例讲的是如何通过 AI 编程实现自动推荐书单或歌单，具体流程如图 7–13 所示。

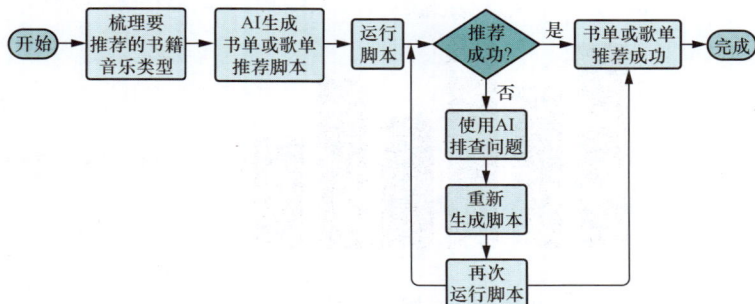

图 7–13　流程示意

1. 梳理你要向 AI 提问的问题

现在，把你的需求告诉 AI。可以尝试先用你的背景问题、目标需求、现状与挑战，还有 AI 对应回答的具体要求来结构化梳理你的思路，并向 AI 提问。

（1）背景问题。

● 每次想找一本好书或新歌来听，我总是【花费大量时间在搜索和筛选】上，浪费了很多精力。

● 目前，我的书单和歌单管理比较混乱，难以快速找到符合【自己口味的内容】，影响了发现新书和新歌的乐趣。

（2）目标需求。

● 我希望通过【AI 编程】制作一个【个性化推荐系统】。它可以根据我的【阅读和听歌记录】，推荐符合我兴趣的新书或新歌。

● 这个工具应该帮助我【更快找到心仪的内容】，让发现好书和音乐变得更轻松，并能够更【高效管理书单和播放列表】。

（3）现状与挑战。

● 创建这样一个个性化推荐系统对我来说有一定的【技术挑战】，我不太熟悉相关的操作，感觉困难。

● 我希望能够【控制推荐的质量】，确保推荐的内容符合我的兴趣。

（4）具体要求。

我不懂编程。请用【1、2、3 步骤】形式，【简明扼要】地指导我如何通过 Python 脚本实现一个书单或歌单推荐工具。由于我没有编程基础，请将步骤尽量简化，便于我理解和操作。

2. 执行 AI 回答中的步骤

让我们按照 AI 的回答来试试看吧。

（1）安装必要的软件和库。

安装 Python：这一步我们就跳过吧，有需要的读者可以翻看前面的章节。

安装必要的库：打开命令提示符（Windows）或终端（Mac/Linux），然后运行以下命令来安装所需的 Python 库。

```Bash
pip install transformers torch
```

由于我预先安装过这些库，因此，这边会直接显示这些库的版本，如图 7-14 所示

```
Requirement already satisfied: sympy==1.13.1 in /opt/anaconda3/lib/python3.12/si
te-packages (from torch) (1.13.1)
Requirement already satisfied: mpmath<1.4,>=1.1.0 in /opt/anaconda3/lib/python3.
12/site-packages (from sympy==1.13.1->torch) (1.3.0)
Requirement already satisfied: MarkupSafe>=2.0 in /opt/anaconda3/lib/python3.12/
site-packages (from jinja2->torch) (3.0.2)
Requirement already satisfied: charset-normalizer<4,>=2 in /opt/anaconda3/lib/py
thon3.12/site-packages (from requests->transformers) (3.4.0)
Requirement already satisfied: idna<4,>=2.5 in /opt/anaconda3/lib/python3.12/sit
e-packages (from requests->transformers) (3.10)
Requirement already satisfied: urllib3<3,>=1.21.1 in /opt/anaconda3/lib/python3.
12/site-packages (from requests->transformers) (2.3.0)
Requirement already satisfied: certifi>=2017.4.17 in /opt/anaconda3/lib/python3.
12/site-packages (from requests->transformers) (2025.1.31)

[notice] A new release of pip is available: 24.3.1 -> 25.0.1
[notice] To update, run: pip install --upgrade pip
(base) caiyiwen@cyw-mbp16 ~ %
```

图 7-14　程序结果示意

（2）创建 Python 脚本。

打开文本编辑器（例如记事本），然后复制并粘贴下面提供的 Python 代码。

```Python
import csv
from transformers import GPT2LMHeadModel, GPT2Tokenizer
```

```
# 加载模型
model = GPT2LMHeadModel.from_pretrained("gpt2")
tokenizer = GPT2Tokenizer.from_pretrained("gpt2")

# 生成推荐
def generate_recommendation(prompt):
    inputs = tokenizer.encode(prompt, return_tensors="pt")
    outputs = model.generate(inputs, max_length=150,
do_sample=True, temperature=0.7)
    return tokenizer.decode(outputs[0],
skip_special_tokens=True).strip()

# 生成并保存推荐
recommendations = {
    "Books": generate_recommendation("Recommend popular
science books for beginners."),
    "Songs": generate_recommendation("Recommend songs for
young people.")
}

# 保存到 CSV
with open("recommendations.csv", "w", newline="",
encoding="utf-8") as file:
    writer = csv.writer(file)
    writer.writerow(["Category", "Recommendation"])
    for category, recommendation in recommendations.
items():
        writer.writerow([category, recommendation])

print("Recommendations saved to 'recommendations.csv'.")
```

将代码保存在相应文件夹，命名为 recommender.py。将代码中的 books.csv 和 songs.csv 路径修改为你的本地文件路径。

3. 运行自动生成你的书单或歌单的脚本

为了顺利自动生成你的书单或歌单的脚本，接下来需要执行一些操作。我们要定位到存储脚本的文件夹，然后运行脚本。以下是具体操作步骤。

（1）打开命令提示符或终端，导航到保存 recommender.py 文件的位置。可以使用 cd 命令更改当前目录，例如“cd desktop/ 秒懂 AI/ 第 7 章 /7.4”，如图 7-15 所示。

```
(base) caiyiwen@cyw-mbp16 ~ % cd desktop/秒懂AI/第 7 章/7.4
(base) caiyiwen@cyw-mbp16 7.4 %
```

图 7-15　文件导航示意

（2）输入以下命令运行脚本。

```
Bash
python recommender.py
```

运行成功啦，结果如图 7-16 和图 7-17 所示。

```
(base) caiyiwen@cyw-mbp16 7.4 % python recommender.py
The attention mask and the pad token id were not set. As a consequence, you may observe unexpected behav
ior. Please pass your input's `attention_mask` to obtain reliable results.
Setting `pad_token_id` to `eos_token_id`:50256 for open-end generation.
The attention mask is not set and cannot be inferred from input because pad token is same as eos token.
As a consequence, you may observe unexpected behavior. Please pass your input's `attention_mask` to obta
in reliable results.
The attention mask and the pad token id were not set. As a consequence, you may observe unexpected behav
ior. Please pass your input's `attention_mask` to obtain reliable results.
Setting `pad_token_id` to `eos_token_id`:50256 for open-end generation.
Recommendations have been saved to 'recommendations.csv'.
(base) caiyiwen@cyw-mbp16 7.4 %
⊗0 ⚠2 ⌘0                Ln 49, Col 1  Spaces: 4  UTF-8  LF  {} Python  3.13.1 64-bit  helper
```

图 7-16　程序运行成功示意（1）

recommendations

分类	推荐内容
书籍	1. 《时间简史》 斯蒂芬·霍金
	2. 《宇宙》 卡尔·萨根
	3. 《优雅的宇宙》 布莱恩·格林
	4. 《费曼物理学讲义》 理查德·费曼
	5. 《轻松读懂天体物理》 尼尔·德格拉斯·泰森
歌曲	1. 《Blinding Lights》 The Weeknd
	2. 《Levitating》 Dua Lipa
	3. 《Save Your Tears》 The Weeknd
	4. 《Watermelon Sugar》 Harry Styles
	5. 《Don't Start Now》 Dua Lipa

图 7-17　程序运行成功示意（2）

第 8 章

从编程到思维的跃升：重塑

你的工作与学习方式

从提升学习效率到优化工作协作，再到创造趣味生活，我们已经见识了 AI 编程的无限可能。但编程不仅是一种工具，它更是一种思维方式，善于利用编程能让我们在未来更具竞争力。最后一章，我们将回顾 AI 编程给我们带来的思维升级，探索如何借助 AI 编程，让自己在工作和学习中持续成长！

8.1　编程不仅是技能，更是一种思维方式

其实，编程离我们的生活并不遥远。当你在生活中开始"拆解问题"，比如把一个大任务分成几个小任务来完成，你就已经不知不觉地用上了编程思维。这种把复杂问题简单化的能力，正是编程的核心。

当你在生活中开始"拆解问题"，你就已经踏入了编程世界。

在本书的前面几个章节中，我们已经解锁了无数"偷懒"技能——自动清理 Excel 重复数据、自动抓取资料，甚至生成笑话。这些工具让我们在工作和生活中变得更加高效，仿佛拥有了某种"超能力"。然而，此刻是时候撕掉"工具说明书"的标签了。编程不仅是为了完成任务，它更是一种思维方式，一种解决问题的全新视角。

但是，为什么有人用同样的工具，效率却是别人的 10 倍？答案藏在代码之外——当别人还在研究怎么写代码时，高手已经在思考怎么用代码的思维看世界了。

8.1.1　编程思维的四大核心要素

编程思维并不是程序员的专利，它是一种通用的解决问题方法。我们可以将编程思维拆解为 : 分解问题、模式识别、抽象建模和算法设计这 4 个核心要素。如表 8-1 所示。

表 8-1　编程思维的四大核心要素

思维维度	定义	生活案例	技术映射
分解问题	把大问题切成小问题	策划婚礼 : 宾客管理→场地布置→流程控制→应急预案	函数封装、模块化设计

续表

思维维度	定义	生活案例	技术映射
模式识别	发现重复规律	老师批改作文：高频错题统计→针对性教案设计	正则表达式、聚类算法
抽象建模	剥离问题的细节，抓住核心逻辑	餐厅优化翻台率：顾客动线→时间节点→资源分配	类与对象、状态机模型
算法设计	用最优路径解决问题	超市快速采购：最短路线覆盖必需品货架	贪心算法、动态规划

（1）分解问题。

分解问题是指将一个大问题拆解成多个小问题，逐步解决。例如，在策划婚礼时，你需要将整个活动分解为宾客管理、场地布置、流程控制和应急预案等多个小任务。在编程中，这种思维方式体现为函数封装和模块化设计。通过将复杂问题分解为可管理的部分，可以更清晰地看到问题的全貌，并逐一攻克。

（2）模式识别。

模式识别是指发现重复的规律。比如，在老师批改作文时，发现某些错题频繁出现，便可以通过统计高频错题来设计针对性的教案。在编程中，模式识别可以通过正则表达式或聚类算法来实现。通过识别重复的规律，你可以避免重复劳动，提高效率。

（3）抽象建模。

抽象建模是指剥离问题的细节，抓住核心逻辑。就像在拍照时开美颜，你不需要关注每一个像素，而是通过调整关键参数来达到理想的效果。在餐厅优化翻台率时，你可以通过分析顾客动线、时间节点和资源分配来抓住出核心问题。在编程中，抽象建模通常通过类与对象或状态机模型来实现。通过抽象建模，你可以将复杂问题简化，专注于核心逻辑。

（4）**算法设计。**

算法设计是指用最优路径解决问题。就像外卖小哥在送餐时，会选择最短路线覆盖所有目的地。若想实现超市的快速采购也需要通过算法设计来优化路线，确保在最短时间内买到所有必需品。在编程中，贪心算法和动态规划是常用的算法设计工具。通过设计高效的算法，你可以用最少的资源解决最复杂的问题。

传统思维往往是单线程的，依赖于经验和直觉，缺乏系统化的思考方式。而编程思维则像一台多核处理器，能够同时处理多个任务，并通过模式识别和抽象建模来优化解决方案。通过对比图 8-1，我们可以清晰地看到两者的区别。

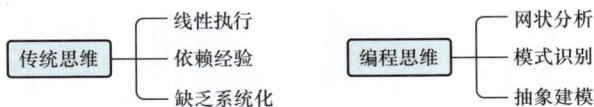

图 8-1　思维对比示意

8.1.2　从工具使用者到思维掌控者

在前几章，你可能已经熟练掌握了让 AI 编程的魔法咒语。但现在，是时候成为魔法规则的制定者了。编程思维不仅是使用工具，更是制定规则、优化流程的过程。

为了方便理解，我们来看一个家庭旅行计划的案例。

假设你正在计划一次家庭旅行，预算有限，且每个家庭成员的兴趣偏好各不相同。如何用编程思维来解决这个问题？我们可以用伪代码来描述，具体描述如下：

```
Plain Text
```

```
IF 预算 < 5000 元 THEN
    选择国内目的地
ELSE
    考虑出境游

FOR 每个家庭成员 DO
    收集兴趣偏好

WHILE 未达成共识 DO
    寻找需求交集方案
```

这段伪代码虽然简单，但它清晰地展示了如何通过条件判断、循环和迭代来解决问题。当然，这段代码也存在不少漏洞，比如，未考虑天气突变、交通接驳时间权重以及熊孩子突然想改目的地的概率。但正是这些细节的思考，让我们能够更好地优化解决方案。

编程思维中有一些**反直觉真相**。第一个反直觉真相是，优秀的程序员往往先写文档再写代码，就像大厨先写菜谱再下锅。这种看似"低效"的做法，实际上能够帮助我们在动手之前理清思路，避免后期出现错误。另一个反直觉的真相是，编程思维不仅仅是写代码，它是一种全新的思考方式。当你开始用 if-else 思考人生选择，用 for 循环处理重复劳动时，你就已经掌握了编程思维的精髓。

8.1.3 编程思维的跨界暴走

编程思维不仅局限于技术领域，它可以在各行各业中发挥作用。以下是两个典型的跨界应用案例。

1. 案例：教学计划优化（教育领域）

某中学老师曾用 30 小时写教案，效果却像在课堂上放催眠曲——学生知识掌握率仅 65%。通过引入编程思维，这位老师用决策树梳理知识点，构建了学习路径流程。结果，教案制作时间缩短至 8 小时，学生知识掌握率飙到 82%。老师用 Python 脚本分析考试数据，代码比红笔还高效。

● **思维升级**：用决策树梳理知识点，构建学习路径流程，如图 8-2 所示。

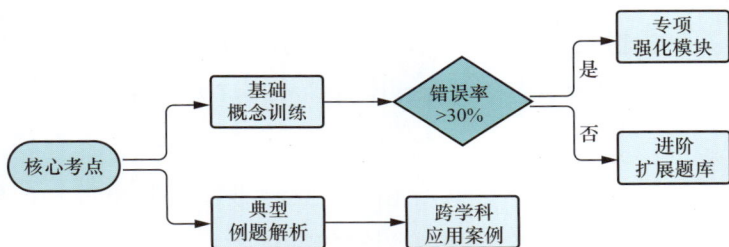

图 8-2　学习路径流程示意

● **成果**：教案制作时间缩短至 8 小时，学生知识掌握率飙到 82%。

● **工具**：用 Python 脚本分析考试数据（代码比老师的红笔还高效）。

```
Plain Text
import pandas as pd
data = pd.read_csv("exam_data.csv")
print("高频送分题：", data.groupby("知识点").mean())
```

● **老师顿悟**："原来我之前的教案，是写给 AI 看的，不是给学生看的！"

2. 案例：自媒体流水线（内容创作）

传统的内容创作模式是选题→写稿→排版→发布，全程手动操作，累到灵魂出窍。通过编程思维，自媒体人实现了流程的重构，让 AI 打工，自己当监工。具体步骤包括循环监测热点、情感分析确定立场、结构化模板填充。效率提升显著，单条内容生产时间从 6 小时压缩至 45 分钟。自媒体人狂喜："终于不用在深夜边哭边改稿，AI 连我的眼泪都能自动化！"

● **思维升级**：用编程思维重构流程（让 AI 打工，自己当监工），如图 8-3 所示。

图 8-3　自媒体流程

● **效率提升**：单条内容生产时间从 6 小时压缩至 45 分钟。

● **自媒体人狂喜**："终于不用在深夜边哭边改稿，AI 连他的眼泪都能自动化！"

编程思维不仅是一种理论，它需要通过实践来巩固。让我们来做一个练习，以下是关于每日工作会议的编程思维描述。

（1）**分解问题**：明确会议目标、参与角色、输出成果（建议先没收同事的手机）。

（2）**模式识别**：统计过去 10 次会议的时间分布和议题重复率（你可能会发现 70% 的时间讨论的内容都是重复的）。

（3）**抽象建模**：绘制会议流程状态图（附模板框架）。

（4）**算法设计**：用优先级队列重排议程（参考示例代码）。

AI 编程可以帮助你更高效地完成任务。比如，使用 ChatGPT 生成会议流程图代码（输入"帮我写个防止会议跑题的代码"），或者用 Python 脚本分析会议记录关键词。

```Python
import jieba
from collections import Counter

text = "会议讨论项目进度、预算分配、团队协作 ..."
# 使用 jieba 进行中文分词
```

```
    words = jieba.cut(text)
print(" 高频废话： ", Counter(words).most_common(3))
```

当你开始用变量存储生活经验，用函数封装解决方案，用循环处理重复挑战时，你就已经拥有了改变你生活的能力。

● **今日挑战**：选一个日常困扰你的问题，用伪代码描述解决思路（比如"如何让室友主动洗碗"）。

● **进阶任务**：用绘图工具画出该问题的流程图。

利用编程思维可以让你更好地理解世界，解决问题，并在应用编程思维过程中变得更高效、更聪明。

8.2 AI 编程的未来：从工具到智慧伴侣

还记得你第一次用 AI 成功写出代码时的感受吗？那种"哇，这也行！"的惊喜，简直像是教会了一只猴子开挖掘机。不过，AI 的进化速度可比猴子快多了——它正从"听话的工具"变成"会顶嘴的同事"，甚至"比你更懂你的导师"。本节我们将探讨 AI 如何从基础工具发展成为高级战略伙伴。可以将 AI 的进化分为 3 个阶段：首先是**工具阶段**，AI 如何帮助你确定任务；其次是**伙伴阶段**，AI 如何转变为策略顾问；最后是**导师阶段**，AI 如何模拟专家思维进行战略决策。此外，我们还将介绍一种逆向训练法，帮助你通过 AI 反馈提高提问技巧，因为未来的关键在于提出正确的问题，如图 8-4 所示。

工具阶段	伙伴阶段	导师阶段
你	你	你
单次指令	多轮对话+背景信息	深度资料+模拟对象
AI	AI	AI
执行	生成方案	战略决策

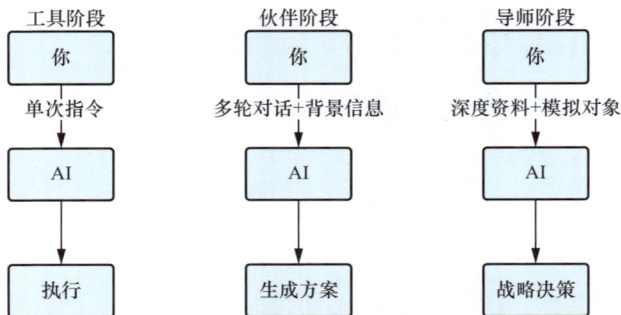

图 8-4 逆向训练法

8.2.1 案例：演绎 AI 进化三阶段

假设你是这本书的策划编辑，目标是让这本书销量翻一番。听起来像是个不可能完成的任务？别急，AI 来帮你。我们将用这个案例，完整演绎 AI 如何从工具升级为导师，以及你需要同步进化的核心能力。

1. 工具阶段：效率提升（解决"做什么"）

在这个阶段，AI 就像一个听话的实习生，你提问，它执行。它的主要任务是帮你节省时间，替代那些烦琐的重复劳动。不过，别指望它给你太多惊喜，毕竟它还是个"新手"。典型对话如下。

你："如何让这本书的销量翻一番？"

AI 回答：

（1）参考同类畅销书策略。

（2）优化书名和封面设计。

（3）在主流电商平台铺货。

AI 在这个阶段的主要作用是提供基础方向，帮你省去收集竞品信息的麻烦。比如，它可能会建议你参考某本具体畅销书的营销策略，或者优化书名和封面设计。这些建议虽然基础，但至少能让你少走一些弯路。

你可以把它看作是一个"信息检索器"，帮你快速找到一些常见的解决方案。

不过，AI 的建议往往比较宽泛，缺乏可执行细节。就像有人说"减肥要多运动"，但没说怎么运动。你可能会觉得这些建议有用，但不够具体。比如，AI 建议你"优化书名和封面设计"，但它并没有告诉你具体如何优化，或者哪些设计元素最能吸引目标读者。这种宽泛的建议虽然能给你一些启发，但在实际操作中，你可能还是得靠自己摸索。

当你开始追问："具体怎么操作？我们的资源有限，需要精准策略？"这时，你就进入了伙伴阶段。AI 不再是那个只会给基础建议的"实习生"，而是开始帮你制定具体的行动计划。

2. 伙伴阶段：思维扩展（解决"怎么做"）

在这个阶段，AI 从执行者升级为策略顾问。你提供关键业务参数，AI 生成定制化方案。它不仅能理解书籍的核心卖点，还能帮你将产品优势转化为可传播的语言。

其对话示例如下。

你问 AI：

具体怎么操作？补充信息如下。

● 本书定位：零基础读者通过 AI 编程工具实现编程自动化。

● 核心优势：包含 30+ 职场 / 学习场景的互动案例。

● 资源限制：预算 10 万，团队擅长制作图文 / 短视频内容。

● 目标读者：急需提升效率的职场白领和在校学生。

AI 回答：

（1）精准打击策略。

● 将书中最具冲击力的案例转化为"3 分钟效率革命"系列。比如，案例 1 为花费 5 分钟搞定 Excel 月报（附前后对比视频）；案例 2 为自动整理文献神器，1 小时读完 100 篇论文。

- 制作"AI 编程段位测试"H5 工具，用户测完即推荐对应章节。

（2）渠道攻坚。

- 职场侧：与钉钉 / 飞书合作"生产力提升"专题活动。
- 学生侧：在 B 站发起"用 AI 把重复作业变自动脚本"挑战赛。

（3）转化设计。

免费提供前 3 章的 PDF 文件，提供书中案例对应的源代码。

AI 在这个阶段的主要作用是将抽象卖点转化为具体可感知的价值。它不仅能提供策略，还能帮助你设计具体的执行方案。比如，AI 建议你将书中的案例转化为短视频，并通过新媒体平台进行传播。这种策略不仅能够吸引目标读者，还能通过互动内容增强用户的参与感。你可以把它看作是一个"策略生成器"，帮你把抽象的想法变成可执行的计划。

不过，AI 的建议仍然有其局限性。比如，它可能不知道营销活动所需的具体费用。AI 的建议虽然详细，但在实际操作中，仍然需要你根据实际情况进行调整和优化。毕竟，AI 还没有完全掌握人类世界的复杂规则。

在这个阶段，你可以通过提问来测试 AI 的能力。合格的提问是："如何用书中的'自动整理文件'案例撬动职场用户？"而不合格的提问是："怎么做短视频？"（未绑定书籍核心价值）。通过这种提问方式，你可以更好地引导 AI 生成有价值的策略。

3. 导师阶段：认知升级（解决"为什么做"）

在这个阶段，AI 不再是你的助手，而是你的导师。它能够模拟顶级专家的思维，帮助你做出战略决策。这个阶段的 AI 不仅能提供策略，还能揭示底层逻辑，帮助你规避战略误判，如图 8-5 所示。

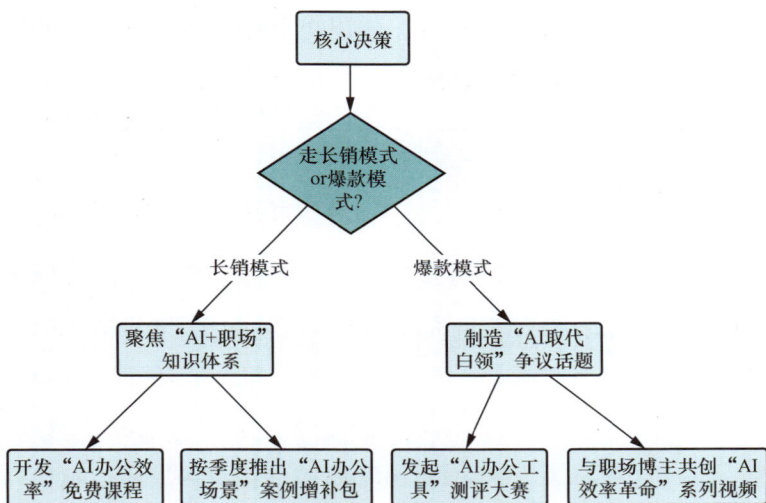

图 8-5 专家思维决策示意

典型对话如下。

你：模拟顶级出版人思维，给出战略建议。补充信息：

● 本书定位：零基础读者通过 AI 编程实现编程自动化。

● 核心优势：包含 30+ 职场 / 学习场景的互动案例。

● 资源限制：预算 10 万，团队擅长制作图文 / 短视频内容。

● 目标读者：急需提升效率的职场白领和在校学生。

AI 回答：

（1）核心决策：走长销模式还是爆款模式？

● 长销模式：聚焦"AI 编程 + 职场"知识体系，按季度推出"AI 办公场景"案例增补包。

● 爆款模式：制造"AI 取代白领"争议话题，发起"AI 办公工具"测评大赛。

（2）具体策略。

● 开发"利用 AI 编程提升办公效率"免费课程。

● 与职场博主共创"利用 AI 编程实现效率革命"系列视频。

AI 在这个阶段的主要作用是揭示底层逻辑，帮助你规避战略误判。它不仅能提供具体的策略，还能帮助你思考长期品牌定位。例如，AI 建议你选择"长销模式"或"爆款模式"，并详细分析了每种模式的优缺点。这种深度的战略建议能够帮助你在复杂的市场环境中做出更明智的决策。你可以把它看作是一个"认知显微镜"，帮你看到问题的本质。

当 AI 给出两个完美方案时，你需要回答："我们究竟要成为什么样的品牌？"这是 AI 无法替你回答的问题，也是你作为决策者的核心价值。AI 可以提供数据和策略，但最终的品牌定位和价值观判断，仍然需要你亲自确定。

我们可通过图表来清楚地看到 3 个阶段的对比，如表 8-2 所示。

表 8-2　3 个阶段对比表

维度	工具阶段	伙伴阶段	导师阶段
核心问题	做什么？	怎么做？	为什么做？
信息输入量	20%（问题定义）	60%（背景＋约束）	90%（数据＋价值观）
AI 输出价值	信息检索器	策略生成器	认知显微镜
人类核心作用	提出正确问题	设定决策框架	做出价值判断

8.2.2　逆向训练法：用 AI 反推你的能力成长

你提问的质量决定了 AI 回答的质量。逆向训练法的核心思想是一种通过 AI 的反馈来提升你提问能力的方法。通过不断优化你的提问方式，你可以让 AI 从"工具"逐渐升级为"导师"，同时也能提升你自己的思维能力。测试主要分为以下 3 个阶段。

1. 测试：菜鸟阶段

输入："如何让这本书的销量翻一番？"

合格标准：AI 的回复能让你立刻发现"这个问题问得太笼统"。

在这个阶段，你的提问通常比较宽泛，AI 的回复也会比较基础。比如，它可能会建议你"优化书名和封面设计"，但不会告诉你具体如何优化。通过这类反馈，你可以意识到自己提问的不足，并开始思考如何提出更具体的问题。

2. 测试：入门阶段

输入："如何在 10 万预算内，通过内容营销实现目标？"

合格标准：AI 的回复能让你追问"具体选择哪些 KOL？内容形式如何适配平台？"

在这个阶段，你的提问将趋于具体化，AI 的回答也会更加详细。比如，它可能会建议你"与职场博主合作"，但你需要进一步追问"具体选择哪些 KOL？内容形式如何适配平台？"通过这种追问方式，你可以逐步提升自己的提问技巧，并引导 AI 生成更有价值的策略。

3. 测试：进阶阶段

输入："基于本书的核心优势和目标读者，模拟顶级出版人的思维，给出战略建议。"

合格标准：AI 的回复能倒逼你思考："我们的长期品牌定位到底是什么？"

在这个阶段，你的提问已经非常具体，AI 的回答也会更加深入。比如，它可能会建议你选择"长销模式"或"爆款模式"，然而，你需要进一步思考"我们的长期品牌定位到底是什么？"通过这种深度思考，你可以逐步提升自己的战略思维能力，并做出更明智的决策，如图 8-6 所示。

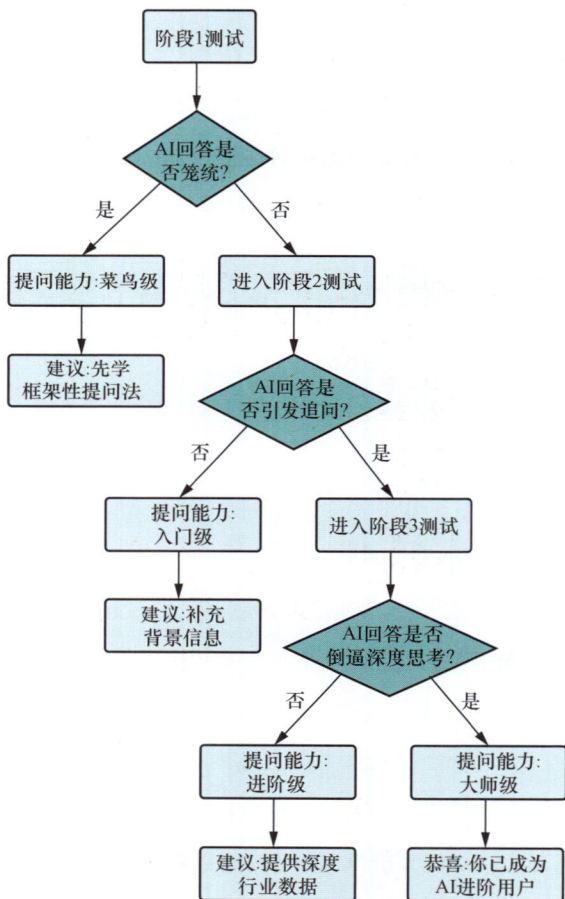

图 8-6 AI 运用阶段示意

当 AI 从"听话的工具"成长为"会思考的导师"，你的提问能力就是它的进化加速器。与其担心 AI 抢走你的饭碗，不如让它成为你的思维助理。毕竟，未来的核心竞争力不是知道的知识点多，而是能够提出正确的问题。通过不断优化你的提问方式，你可以让 AI 成为你工作中不可或缺的思维助理，帮助你在复杂的决策中找到最优解。

所以，下次当你面对一个复杂问题时，不妨先问问自己："我该怎么问 AI ？"说不定，答案就在你提问的方式里。

8.3 构建"人类 –AI"增强回路

在探索了 AI 编程如何协助我们处理日常任务和优化决策之后，我们即将迈向一个新的阶段：构建"人类 –AI"增强回路。这一过程不仅是让 AI 编程作为工具辅助我们工作，更是将其转变为我们的"第二大脑"，通过与 AI 编程深度协作提升我们的思维能力和工作效率。那么，如何才能实现这种转变，使 AI 真正成为我们不可或缺的智慧伙伴呢？

这一节，我们将从 3 个维度来探讨如何与 AI 编程共同进化：**认知飞轮、知识中枢和思维陷阱**。通过从这 3 个维度的探讨，你不仅能够高效利用 AI 编程提升个人工作效率，还能构建一个长期运作的自我提升机制。

8.3.1 用 AI 编程驱动认知飞轮

认知飞轮是一个闭环的反馈系统，涵盖 4 个关键环节：**输入、处理、输出和反馈**。在这个过程中，AI 编程不仅帮助你更高效地获取信息，还通过不断反馈优化你的思考方式。你可以把这个过程想象成一个认知飞轮：信息的输入就像给飞轮加力，推动它开始运转。AI 编程帮助你快速处理信息、得出初步结论，完成飞轮的第一圈。接着，AI 编程通过反馈不断调整你的思考路径和行为决策，每一次反馈又像给飞轮再加一把力，使它转得更快、更稳。如此循环往复，每一次"输入—处理—输出—反馈"的闭环，都会让这个认知系统更高效、更聪明，最终形成一个自我强化、自我进化的智慧系统。

1. 如何用 AI 驱动认知飞轮？

为了真正实现这种"人类 –AI"共进化的状态，我们需要构建一个持续提升的系统，其中认知飞轮就是关键一环。

（1）输入环节。

在这方面，AI 可以极大地提高你的信息获取效率。想象一下，你在做市场调研时，不必再自己逐一搜索大量的文章和研究报告。你可以利用 AI 编程，自动抓取与工作相关的最新信息，并根据你的需求进行筛选。这意味着，AI 编程可以帮你找到最新的资讯，并确保你得到的信息是最相关、最有价值的。你甚至可以为 AI 写的脚本设定时间，定期抓取与你领域相关的新闻、研究报告、行业动态等，确保你始终站在信息的最前沿。

（2）处理环节。

面对复杂的问题时，AI 编程能够帮助你生成思维导图，明确问题的核心。假设你正在思考如何优化个人时间管理，AI 编程可以根据你的需求为你提供多个思路，帮助你理清优先级、分配任务，甚至告诉你哪些任务可以被自动化。通过这种方式，AI 编程不仅让你思考更加清晰，还能为你提供多个方案，帮助你做出更加明智的决策。

（3）输出阶段。

AI 编程不仅可以帮助你完成准备工作，还能协助你在实际操作中提高效率。例如，AI 编程可以帮助你生成报告、优化文案，甚至制作 PPT。通过 AI 编程来自动化处理这些重复性工作，你能够节省大量的时间和精力，从而将更多精力投入高价值的创意和决策上。AI 编程提供的输出能确保你高效、高质量地完成工作。

（4）反馈环节。

AI 编程在帮助你完成任务后，还能够帮助你复盘成果，找出不足之处并提出改进意见。比如，通过分析你的学习效果，AI 编程可以根据你的进展动态调整学习计划，推荐新的学习材料或策略，确保你始终走在正确的轨道上。

2. 案例：用 AI 编程优化学习流程

假设你正在学习 AI 编程，如何利用认知飞轮来优化你的学习过程呢？

（1）在**输入环节**，利用 AI 编程获取信息。通过自动抓取最新的教程和案例，你可以避免自己费力寻找学习资源。AI 编程可以根据你的学习需求，定期向你推荐学习资源，确保你始终掌握前沿知识。

（2）在**处理环节**，利用 AI 编程生成个性化的学习路径，帮助你明确学习目标和重点。通过 AI 编程，你可以得到一份系统的学习计划，从而明确哪些内容需要优先掌握，哪些是挑战性较大的难点，有针对性地进行学习。

（3）在**输出环节**，利用 AI 编程生成学习卡片，便于随时复习和巩固。每当你学习到新的知识点时，AI 编程可以自动将其转化为简洁易懂的知识卡片，帮助你在日常忙碌中轻松回顾和复习。

（4）在**反馈环节**，利用 AI 编程分析学习进度，并不断调整学习计划。如果你在某个部分的学习进展较慢，AI 编程会智能推荐你改进的方法，确保你不会偏离学习目标。

通过这种方式，AI 编程不仅节省了你的时间，还能让你的学习更加系统化，效率更高，如图 8-7 所示。

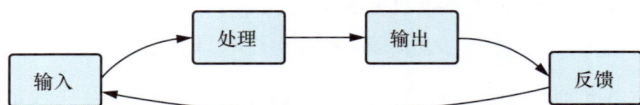

图 8-7 飞轮模型示意

8.3.2 建立个人知识中枢：用 AI 编程管理你的知识库

知识中枢是一个系统化的知识管理平台，旨在帮助你高效收集、整理和应用信息。通过 AI 编程，你可以把零散的知识点汇聚成一个有序的知识库，方便未来随时查询和使用。可以把它想象成你的大脑的外部扩展，AI 编程则是帮助你组织和管理这些知识的智能助理。

1. 核心工具与流程

核心工具与流程主要包含 Notion、AI 插件、自动化流水线这 3 类。

（1）Notion。Notion 作为核心知识管理平台，支持多维度的分类和灵活编辑。你可以用它来存储笔记、文章、视频等各种形式的资料。Notion 的灵活性让你可以根据需要自定义知识库的结构。

（2）AI 插件。例如，利用 ChatGPT for Notion 可以自动生成摘要、标签和思维导图，从而快速整理和理解信息。通过 AI 插件的帮助，你可以从大量信息中提取出最有价值的部分。

（3）自动化流水线。使用 Zapier 或 IFTTT 等工具，将不同的工具和平台连接起来，实现信息的自动流转。例如，你可以设置自动化流程，自动将抓取的文章同步到 Notion，并为它们生成摘要和标签。

2．操作流程

操作流程包含信息收集、知识整理、知识应用，以及知识迭代这几部分。

（1）**信息收集**。AI 编程可以自动抓取互联网的最新资料，并将其同步到你的 Notion 中。你可以设置关键词，利用 AI 编程每天定时抓取与你的工作、兴趣或学习相关的内容，确保你始终拥有最新的信息。

（2）**知识整理**。AI 编程插件可以根据你的需求，自动生成摘要、标签和思维导图，帮助你更好地理解信息的精髓。这样，AI 编程就会根据你的笔记内容，自动归纳出核心要点，方便你快速浏览。

（3）**知识应用**。你可以利用 AI 编程将这些整理好的知识转化为具体的工作成果，如文案、报告或培训课程。AI 编程能够根据你的需求生成初稿，你只需在此基础上进行调整，节省大量时间。

（4）**知识迭代**。通过 AI 编程分析你知识库的使用效果，可以向你推荐更新的内容，确保你的知识库始终保持活跃且高效运作。还可以帮助你识别过时的内容，并建议更新或重新整理。

3．案例：管理职场技能知识库

假设你正在管理一个职场技能知识库，那么 AI 编程将成为你不可或缺的工具。具体操作步骤如下。

（1）利用 AI 编程自动抓取最新的行业文章、视频和培训材料，确保你的知识库始终充满最新的资源。

（2）利用 AI 编程帮助你将这些资料按照技能分类，生成简洁的摘要和标签，使你能够快速找到需要的内容。

（3）利用 AI 编程帮助你快速将这些知识转化为 PPT 或培训材料，使你能高效分享和应用所学知识。

（4）利用 AI 编程定期分析哪些技能内容最受关注，帮助你更新相关部分，确保你的知识库始终保持高效且有用，如图 8-8 所示。

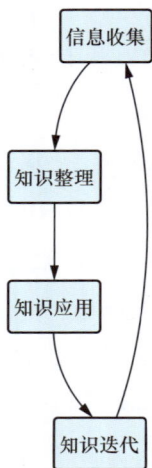

图 8-8　知识库整理流程示意

8.3.3　警惕思维陷阱：AI 编程依赖症与增强智能的边界

AI 编程依赖症是一种过度依赖 AI 编程工具，导致自身思维和能力退化的现象。AI 编程依赖症主要表现为 3 个方面：提问能力退化、批判思维丧失和创新能力枯竭。这些问题可能会让你在使用 AI 编程时失去独立思考的能力，逐渐依赖机器做出所有决策。

避免 AI 编程依赖症的关键在于明确分工，并在使用 AI 编程时，保持批判性思维和持续学习。首先，**明确分工**。AI 编程可以帮助你执行任务，但决策权应由你掌握。你可以让 AI 编程生成报告初稿，但最终的定稿应该由你亲自完成，确保决策符合你的需求。然后，保持**批判性思维**。不要盲目相信 AI 编程的建议，而是始终检验其逻辑链条，确保它符合你的实际需求。最后，通过**持续学习**，你可以确保自己不断进步，而不是让 AI 编程取代了你所有的思考和判断。

例如，假设你过度依赖 AI 编程来撰写邮件，当需要手写商务信函时，可能会发现自己变得不知如何表达。这就是 AI 编程依赖症的表现。相反，当你使用 AI 编程来辅助你的写作时，同时保持独立思考和创意，你就能发挥 AI 编程的真正优势，将它作为增强你工作能力的工具，而非代替你思考的机器。

通过这种方式，AI 编程将成为你的智慧伙伴，帮助你提升工作效率，同时确保你依然保持独立思考的能力。

8.3.4　与 AI 编程共进，开启未来的工作与生活

通过本书的学习，我们已经探讨了如何在工作与生活中利用 AI 编程提升效率、优化思维，并且在多个实际场景中展示了 AI 编程的强大应用。从帮助你整理资料、优化学习流程，到助力团队协作、自动化任务管理，AI 编程距离我们已经不再遥远，而是我们日常工作和学习中不可或缺的得力助手。

然而，正如本书所提到的，与 AI 编程的合作并非单纯的依赖，而是建立一种 "人类 –AI 增强回路"，让 AI 编程成为我们思维的扩展，帮助我们更高效、更系统地思考、决策和创造。通过这种方式，我们可以在享受 AI 编程带来的便捷的同时，保持人类独特的创造力与批判性思维。

未来，AI 编程将继续进化，帮助我们解决更复杂的问题，并且在更多的领域带来变革。无论是在职场中提升工作效率，还是在生活中获得更智能的建议，AI 编程都将成为我们得力的伙伴。重要的是，我们要以

开放的心态，拥抱这一技术变革，并学会在日常生活中发挥 AI 编程的最大潜力。

因此，让我们携手 AI 编程，迈向更加高效、创新和智能的未来。无论你是初入职场的新人，还是经验丰富的职场老兵，AI 编程都能成为你提升工作与学习效率的重要工具，帮助你实现更大的突破和成长。

未来已来，AI 编程与我们共进，让我们一起开创更加美好的明天。